과학공화국 수학법정

4
비와 비율

과학공화국 수학법정 4
비와 비율

초판 1쇄 발행일 | 2007년 4월 20일
초판 21쇄 발행일 | 2023년 8월 8일

지은이 | 정완상
펴낸이 | 정은영
펴낸곳 | (주)자음과모음

출판등록 | 2001년 11월 28일 제2001-000259호
주소 | 10881 경기도 파주시 회동길 325-20
전화 | 편집부 (02)324 - 2347, 총무부 (02)325 - 6047
팩스 | 편집부 (02)324 - 2348, 총무부 (02)2648 - 1311
e-mail | jamoteen@jamobook.com

ISBN 978 - 89 - 544 - 1383 - 1 (04410)

과학공화국 수학법정

4
비와 비율

정완상(국립 경상대학교 교수) 지음

|주|자음과모음

생활 속에서 배우는 기상천외한 수학 수업

수학과 법정, 이 두 가지는 전혀 어울리지 않은 소재들입니다. 그리고 여러분이 제일 어렵게 느끼는 말들이기도 하지요. 그럼에도 이 책의 제목에는 분명 '수학법정'이라는 말이 붙어 있습니다. 그렇다고 이 책의 내용이 아주 어려울 거라고 생각하지는 마세요. 저는 법률과는 무관한 기초과학을 공부하는 사람입니다. 그런데도 '법정'이라고 제목을 붙인 데에는 이유가 있습니다.

또한 여러분은 왜 물리학 교수가 수학과 관련된 책을 쓰는지 궁금해할지도 모릅니다. 하지만 저는 대학과 KAIST 시절 동안 과외를 통해 수학을 가르쳤습니다. 그러면서 어린이들이 수학의 기본 개념을 잘 이해하지 못해 수학에 대한 자신감을 잃었다는 사실을 깨달았습니다. 그리고 또 중 · 고등학교에서 수학을 잘하려면 초등학교 때부터 수학의 기초가 잡혀 있어야 한다는 것을 알아냈습니다. 이 책은 주 대상이 초등학생입니다. 그리고 많은 내용을 초등학교 과정에서 발췌했습니다.

그럼 왜 수학 얘기를 하는데 법정이라는 말을 썼을까요? 그것은 최근에 〈솔로몬의 선택〉을 비롯한 많은 텔레비전 프로그램에서 재미있는 사건을 소개하면서 우리들에게 법률에 대한 지식을 쉽게 알려 주기 때문입니다. 그래서 수학의 개념을 딱딱하지 않게 어린이들에게 소개하고자 법정을 통한 재판 과정을 도입했습니다.

여러분은 이 책을 재미있게 읽으면서 생활 속에서 수학을 쉽게 적용할 수 있을 것입니다. 그러니까 이 책은 수학을 왜 공부해야 하는지 알려 준다고 볼 수 있지요.

수학은 가장 논리적인 학문입니다. 그러므로 수학법정의 재판 과정을 통해 여러분은 수학의 논리와 수학의 정확성을 알게 될 것입니다. 이 책을 통해 어렵다고만 생각했던 수학이 쉽고 재미있다는 사실을 느낄 수 있길 바랍니다.

끝으로 이 책을 쓰는 데 도움을 준 (주)자음과모음의 강병철 사장님과 모든 식구들에게 감사를 드리며, 스토리 작업에 참가해 주말도 없이 함께 일해 준 조민경, 강지영, 이나리, 김미영, 도시은, 윤소연, 강민영, 황수진, 조민진 양에게 감사를 드립니다.

진주에서

정완상

수학법정의 탄생

과학공화국이라 불리는 나라가 있었다. 이 나라에는 과학을 좋아하는 사람들이 모여 살았고, 인근에는 음악을 사랑하는 사람들이 사는 뮤지오왕국과 미술을 사랑하는 사람들이 사는 아티오왕국이 있었다. 또 공업을 장려하는 공업공화국 같은 나라들도 여럿 있었다.

과학공화국 국민들은 다른 나라 국민들과 견주어 볼 때 과학을 몹시 좋아했지만, 과학이란 게 워낙 범위가 넓은지라 어떤 사람들은 물리를 좋아하고 또 어떤 사람들은 수학을 좋아하기도 하고 그랬다.

더구나 과학 가운데서도 논리적으로 정확하게 맞아떨어져야 하는 수학 분야에 있어서는 과학공화국이라는 이름이 무색할 정도로 국민들의 수준이 그리 높은 편이 아니었다. 그 수준이 어느 정도인가 하면, 공업공화국 아이들과 과학공화국 아이들이 함께 수학 시험을 치르면 오히려 공업공화국 아이들의 점수가 더 높은 형편이었다.

특히 최근 들어 공화국 전체에 인터넷이란 게 빠르게 번지면서 과학공화국 아이들은 게임 중독에 빠졌고, 수학 실력은 기준보다도 아래로 곤두박질쳤다. 사정이 이렇다 보니 자연히 수학 과외나 학원이 성행하게 되었고, 그런 와중에 아이들에게 엉터리 수학을 가르치는 무자격 교사들도 우후죽순 나타나기 시작했다.

수학은 일상생활 곳곳에서 맞닥뜨리게 되는데, 과학공화국 국민들의 수학에 대한 이해가 떨어지면서 곳곳에서 수학적인 문제로 분쟁이 끊이지 않았다.

마침내 과학공화국의 박과학 대통령은 회의를 열어 장관들과 이 문제를 논의하기에 이르렀다.

"최근 자꾸 불거지는 수학 분쟁을 어떻게 처리하면 좋겠소?"

대통령이 힘없이 말을 꺼냈다.

"헌법에 수학과 관련된 부분을 조금 추가하면 어떨까요?"

법무부 장관이 자신있게 말했다.

"그걸로 약하지 않을까?"

대통령이 못마땅한 듯 대답했다.

"그렇다면 수학으로 판결을 내리는 새로운 법정을 만들면 어떨까요?"

수학부 장관이 말했다.

"옳지, 바로 그거야! 과학공화국답게 그런 법정이 있어야지, 암! 그래, 수학법정을 만들어서 그 법정에서 나온 판례들을 신문에 실으면 사람들이 더 이상 다투지 않고도 잘잘못을 가릴 수 있을 테지."

대통령은 아주 흡족해하며 환하게 웃었다.

"아니, 그렇다면 국회에서 새로운 수학법을 만들어야 하지 않습니까?"

법무부 장관이 언짢은 듯 퉁명스럽게 말했다.

"수학은 가장 논리적인 학문입니다. 누가 풀든 같은 문제에 대해서는 같은 정답이 나오는 법이지요. 그러니까 수학법정을 만든다고 해서 굳이 새로운 법을 만들지 않아도 됩니다. 혹시 새로운 수학이 등장한다면 모를까……."

수학부 장관이 법무부 장관의 말을 반박했다.

"그래. 나도 수학을 좋아하는데, 어떤 방법으로 풀든 답은 똑같았어."

대통령은 어느새 수학법정에 마음을 굳힌 것 같았다. 이렇게 해서 과학공화국에는 수학을 토대로 판결하는 수학법정이 만들어지게 되었다.

수학법정의 초대 판사는 수학에 대한 책을 많이 쓴 수학짱 박사가 맡게 되었다. 그리고 변호사를 두 명 뽑았는데, 한 사람은 수학과를 졸업했지만 수학에 대해 그리 깊이 있게 알지 못하는 '수치' 라는 이름의 40대 남자였고 다른 한 사람은 어릴 때부터 수학 경시 대회에서만큼은 대상을 놓친 적 없었던 수학 천재 '매쓰' 였다.

이렇게 해서 과학공화국 국민들 사이에서 벌어지는 수학과 관련된 수많은 사건들이 수학법정의 판결을 통해 깨끗하게 마무리될 수 있었다.

목차

이 책을 읽기 전에 생활 속에서 배우는 기상천외한 수학 수업 4
프롤로그 수학법정의 탄생 6

제1장 비율에 관한 사건 13

수학법정 1 비율의 뜻-아네모네의 초상화
수학법정 2 퍼센트 비율-어느 아이스크림이 더 싸지?
수학법정 3 연비-비율로 쓴 유언장
수학법정 4 할, 푼, 리-야구의 타율
수학법정 5 비율 문제-내가 더 많이 일한 것 같은데?
수학법정 6 비율의 활용-1등은 누구?
수학법정 7 수와 비율-네자릿수의 0의 개수
수학법정 8 비율의 변화-처음 나무 높이를 어떻게 알죠?
수학법정 9 일당과 비율 ①-사라진 일꾼
수학법정 10 일당과 비율 ②-임금을 공평하게 나누는 방법
수학성적 끌어올리기

제2장 정비례에 관한 사건 103

수학법정 11 느리게 가는 시계-고장난 시계로 시간 맞추기
수학법정 12 정비례 ①-댐의 물이 넘쳐요!
수학법정 13 정비례 ②-지름이 두 배인 수도꼭지
수학성적 끌어올리기

제3장 반비례에 관한 사건 131

수학법정 14 반비례의 뜻 ①-인원이 너무 많아요!
수학법정 15 반비례의 뜻 ②-수요와 공급의 원리
수학법정 16 반비례의 활용-너무 깊어진 물
수학성적 끌어올리기

제4장 속력에 관한 사건 157

수학법정 17 속력의 뜻-누가 더 빠른가?
수학법정 18 속력-10미터 앞에서 뛰어도……
수학법정 19 터널 문제-기차의 길이
수학법정 20 속력의 활용-자 없이 호수 둘레 재기
수학법정 21 속력의 응용-원형 트랙 경주의 승자 가리기
수학성적 끌어올리기

제5장 농도에 관한 사건 201

수학법정 22 농도 ①-아까보다 덜 달잖아?
수학법정 23 농도 ②-소금을 얼마나 넣은 거야?
수학성적 끌어올리기

제6장 함수에 관한 사건 217

수학법정 24 함수-다이아몬드의 값
수학법정 25 비교 ①-어느 게 더 무거울까?
수학법정 26 비교 ②-무거운 주머니 찾기
수학법정 27 가우스 함수-택시의 요금 체계
수학법정 28 최소 비용의 원리-가장 가까운 창고는?
수학법정 29 대응-답은 한 개만!
수학성적 끌어올리기

에필로그 수학과 친해지세요 269

제1장

비율에 관한 사건

비율의 뜻 – 아네모네의 초상화
퍼센트 비율 – 어느 아이스크림이 더 싸지?
연비 – 비율로 쓴 유언장
할, 푼, 리 – 야구의 타율
비율 문제 – 내가 더 많이 일한 것 같은데?
비율의 활용 – 1등은 누구?
수와 비율 – 네자릿수의 0의 개수
비율의 변화 – 처음 나무 높이를 어떻게 알죠?
일당과 비율 ① – 사라진 일꾼
일당과 비율 ② – 임금을 공평하게 나누는 방법

아네모네의 초상화

직사각형과 정사각형은 닮은꼴이 될 수 있을까요?

과학공화국에 이상한 유행이 번졌다. 전에는 얼굴이 달갈꼴로 갸름한 여자들이 인기를 끌었는데, 최근 김사각이라는 유명 연예인이 뜨고 나서부터 많은 여자들이 김사각처럼 사각형 얼굴이 되기를 희망했다.

대기업에서 비서로 일하는 아네모네 씨는 원래부터 얼굴이 사각형이었다. 아네모네 씨는 드디어 자기 시대가 왔다며 날아갈 듯이 좋아했다.

"이제야 이 시대가 사각 얼굴의 가치를 알아주는군. 이젠 내 시대인 게야. 아! 정확하게 90도로 각 잡힌 훌륭한 내 얼굴, 음하하하."

사각 얼굴의 유행에 자신감을 잔뜩 얻은 아네모네 씨는 아름다운 사각미를 뽐내고자 시내에서 초상화를 가장 잘 그리기로 소문난 또까치 씨를 찾아갔다.

"제 얼굴을 그려 주세요."

"아니, 이 얼굴은……! 그 보기 어렵다던 완벽 90도를 자랑하는 완소 직사각 얼굴이 아닌가!"

"초상화의 달인이시라더니, 역시 사람 보는 눈이 탁월하시네요."

아네모네 씨는 또까치 씨의 칭찬에 으쓱해져서는 손가락을 화살표처럼 펴 예리한 턱 선에 가져다 대며 한껏 포즈를 잡았다. 마치 모델인 양 이리저리 얼짱 각도를 잡던 아네모네 씨가 말했다.

"그림 좀 그리신다 하니 어떻게 그려야 할지는 아시겠죠? 원판이 드물게 예쁘긴 하지만 그래도 신경 좀 써 주세요."

"그까이꺼 뭐 어렵다고? 이 손이 알아서 그려 줄 테니 걱정 마셔. 세상 참 많이 변했어. 내 시절만 해도 달걀꼴 얼굴이 먹혔는데 말이지. 사각 얼굴이 미녀로 통하는 날도 오긴 오네."

또까치 씨는 이렇게 말하고는 아네모네 씨의 얼굴을 그리려 했다. 하지만 아네모네 씨는 생각보다 작은 그림을 원했다.

'요만한 도화지에다 저 얼굴을 비율에 맞게 그려 넣으려면 고생깨나 하겠는데…… 네모 얼굴의 유행은 정말정말 피곤하다니까.'

아네모네 씨의 얼굴 비율이 까다로운데다 종이까지 작은 것을 원해서 또까치 씨의 고생이 이만저만이 아니었다. 하지만 프로 근

성으로 똘똘 뭉친 또까치 씨는 각지기 그지없는 아네모네 씨의 얼굴을 나름대로 열심히 그려 나가기 시작했다. 그리고 마침내! 그림이 완성되었다. 하지만 완성된 그림은 아네모네 씨의 얼굴과 어딘지 달라 보였다. 아네모네 씨의 얼굴은 가로세로 비율이 9 : 16이었는데, 또까치 씨가 그린 그림은 아무리 봐도 아네모네 씨의 얼굴 윤곽과는 차이가 있었다.

"내 얼굴이 이렇게 생겼다고요? 이건 정사각형이잖아요?"

아네모네 씨가 벌컥 성을 내며 따졌다.

"사각형이면 됐지, 뭘 그리 따지나? 특히나 아가씨 얼굴은 까다로워서 다른 사람들 초상화보다 얼마나 힘들었는지 알기나 해? 이봐, 아가씨! 얼굴 옆선과 턱 선이 직각으로 만나는 건 똑같잖아. 애먼 그림 타박하지 말고 거울이나 똑똑히 보라고. 그림은 거짓이 없으니까."

또까치 씨는 자기가 애써 그린 초상화를 들여다보며 말했다.

"오, 그런 식으로 나오시겠다 그거죠? 그럼 나도 그림값 못 드리죠. 이따위로 그려 놓고 돈 받으려 했어요?"

"뭐, 뭐야? 이 아가씨가 사람을 가지고 노나? 더군다나 까다롭게 생겨 먹어서 얼마나 고생했는데, 돈 내놔!"

화가 난 아네모네 씨는 또까치 씨에게 그림값을 줄 수 없다고 하고 또까치 씨는 그림값을 내놓으라고 하고……, 이렇게 옥신각신하다가 결국 두 사람의 문제는 수학법정까지 가게 되었다.

직사각형은 내각이 모두 직각인 사각형입니다.

여기는 수학법정

직사각형과 정사각형은 닮음 비율이 될 수 있을까요?

수학법정에서 알아봅시다.

재판을 시작합니다. 피고 측 변론하세요.

같은 사각형이면 됐지, 뭘 그리 따집니까? 요즘 사각 얼굴이 유행이라면서요? 사각형의 짱은 정사각형 아닙니까? 불완전한 직사각형 얼굴을 초상화에서 마치 뽀샵 처리처럼 정사각형으로 멋지게 표현해 주었으면 오히려 고마워해야지요. 이게 따질 일입니까? 아유, 이런 재판은 증말 싫어…….

수치 변호사! 표준어를 쓰세요. '증말'이 뭡니까? 양말 동생도 아니고.

재판장님, 지금 개그하신 겁니까?

안 웃겼나?

썰렁합니다.

에헴, 그럼 원고 측 변론하세요.

닮음 비율연구소 소장으로 있는 안달마 박사를 증인으로 요청합니다.

얼굴이 세모꼴인 30대 남자가 증인석에 앉았다. 

증인이 하시는 일은 뭐죠?

여러 가지 비율을 연구합니다.

이번 사건에 대해 어떻게 생각하십니까?

초상화에는 두 종류가 있습니다.

그게 뭡니까?

에, 그러니까 사람의 얼굴을 똑같은 크기로 그리는 방법과 축소나 확대를 하는 방법이지요.

그럼 이 경우는 종이가 작으니까 축소에 해당하겠군요.

그렇습니다.

초상화에는 어떤 원칙이 적용되나요?

같은 비율로 그려야 한다는 원칙이지요.

그렇다면 가로와 세로의 비가 9 : 16이 되게 말이죠?

그렇습니다.

이 사건의 원고인 아네모네 씨의 얼굴은 가로 길이가 18센티미터이고 세로 길이가 32센티미터입니다. 초상화를 그린 도화지는 한 변의 길이가 8센티미터인 정사각형이고요. 그런데 어떻게 같은 비율로 그리죠?

18 : 32 = 9 : 16이 맞습니다. 그러므로 작은 도화지에 9 : 16이 되게 그리면 됩니다. 만일 얼굴만 그린다면 지금 세로가 기니까 세로의 길이가 8센티미터가 되도록 그림을 그려야 합니다.

그럼 가로의 길이는 얼마가 됩니까?

비례식을 풀면 답이 나오지요. 가로의 길이를 □라고 해 보죠. 그럼 □ : 8 = 9 : 16을 만족하는 □를 찾으면 됩니다.

□를 어떻게 구하죠?

비례식의 성질을 이용하면 됩니다. 비례식에서 안쪽 항의 곱은 바깥쪽 항의 곱과 같습니다. 안쪽 항은 8과 9이고 바깥쪽 항은 □와 16이니까……, 8×9 = □×16이 되지요. 이 식을 정리하면 72 = □×16이 되므로 □ = 72÷16 = 4.5가 됩니다. 즉 가로의 길이를 4.5센티미터로, 세로의 길이를 8센티미터로 그리면 아네모네 씨의 실물과 같은 비율의 초상화가 되는 거죠.

그렇군요. 제가 더 설명할 건 없습니다, 재판장님.

명쾌한 설명이었습니다. 유행이라고 하면 아무 생각 없이 너도나도 따르는 풍조가 씁쓸할 뿐입니다. 사각 얼굴을 미의 기준으로 삼는 세상이 다 되었으니 말이지요. 하지만 시대의 흐름이 그렇다니…… 에헴, 그럼 판결을 내리겠습니다. 비율을 정확하게 맞추지 못한 초상화는 그 사람을 나타낸다고 볼 수 없으므로 이번 초상화 사건은 또까치 씨의 과실이 인정되며, 이에 아네모네 씨는 초상화 값을 낼 이유가 없다고 판결합니다.

비

비교하는 어떤 두 수량을 직접 비교하는 것이 아니라 다른 기준 수량을 정해 놓고 상대적인 크기를 비교하여 소수로 나타낸 것을 비라고 한다. □에 대한 △의 비는 △÷□로 나타낼 수 있다.

어느 아이스크림이 더 싸지?

정가에서 얼마나 할인되었는지 계산할 수 있을까요?

과학공화국에는 어딜 가나 아이스크림 가게가 줄줄이 늘어서 있다. 더운 날씨 탓에 과학공화국 사람들이 아이스크림을 끊임없이 사 갔기 때문이다. 과학공화국에서는 아이스크림 가게만 열면 적어도 망하지는 않는다는 이야기가 나올 정도로 아이스크림의 인기는 엄청났다. 그 가운데 가장 유명한 두 회사는 아이셔 아이스크림사와 시원달콤 아이스크림사였다.

아이스크림 원료를 생산할 수 없었던 과학공화국에서는 원료를 100퍼센트 수입에 의존했는데, 두 회사 모두 인근 아이싱 왕국에서 원료를 들여왔다.

“사장님, 경쟁사인 시원달콤 아이스크림사에서 원더바를 내놓는다고 합니다. 원더바로 말씀드릴 것 같으면, 입에 넣으면 살살 녹는 것은 물론 녹았다가 다시 얼기도 한답니다.”

“뭐야! 그렇게 신기한 제품이 나온다고? 그렇담 우리도 가만히 있을 수 없지. 야심작 울트라바를 내놓도록 해. 위기가 곧 기회야. 우리에게도 때가 온 거지. 알록달록 기분따라 색이 변하는 아이스크림 울트라바라면…….”

시원달콤 아이스크림사에서 신제품을 내놓는다는 소식을 입수한 아이셔 아이스크림사는 그동안 정성 들여 준비해 온 울트라바를 동시에 내놓기로 했다.

처음에는 두 제품 모두 150달란에 팔았다. 정부에 보고한 두 제품의 원가는 똑같이 100달란이었다.

“사장님, 시원달콤사보다 더 많이 팔려면 색다른 판매책을 마련해야 합니다. 지금 가격에서 할인을 해서 더 많이 파는 것이 어떻겠습니까?”

“역시! 판매 왕다운 생각이군 그래. 그럼 가격을 조금 내려 보도록 하세.”

경쟁에서 꼭 이기고 싶었던 아이셔 아이스크림사는 시원달콤 아이스크림사와는 상의도 하지 않고 30달란 할인에 들어갔다. 그러자 울트라바의 인기가 치솟았다.

"자네 생각이 옳았어! 울트라바가 판매 순위 1위라는군. 수고했네, 수고했어. 하하하."

울트라바의 인기가 치솟자 사장은 시원달콤 아이스크림사를 보기 좋게 눌렀다고 생각했다.

하지만 이에 자극을 받은 시원달콤 아이스크림사에서는 정가의 30퍼센트 할인을 선언하며 '원더바가 울트라바보다 더 싸다' 라고 대대적으로 광고를 했다.

"사장님, 이 광고 보셨습니까?"

아이셔 아이스크림사의 판매 왕 사원이 광고지를 들고 뛰어들어오며 다급하게 외쳤다.

"뭐라고? 우리 울트라바가 더 비싸다고?"

화가 난 아이셔 아이스크림사 사장은 그럴 순 없다며 시원달콤 아이스크림사를 수학법정에 고소했다.

퍼센트(%)란 백분율을 나타내는 단위로,
기준량을 100으로 두었을 때 비교하는 양의 값입니다.

여기는 수학법정

두 아이스크림 회사 중에서 어느 아이스크림이 더 쌀까요?

수학법정에서 알아봅시다.

재판을 시작합니다. 먼저 원고 측 변론하세요.

피고 측에서는 30퍼센트를 할인했다고 하는데, 난 가방 끈이 짧아서 퍼센트라는 게 뭔지를 몰라요. 그러니까 명확하게 30달란을 깎아 주는 아이셔 아이스크림사가 진정 깎아 주는 것이라고 볼 수 있지요.

지금 그걸 변론이라고 하는 겁니까?

한결같은 마음으로 변론하고 있답니다.

한결같은 마음이란 게 그런 거요?

하루 이틀도 아니면서…….

끙, 좋아요. 그럼 피고 측 변론하세요.

이번 사건은 퍼센트 비율에 관한 사건입니다.

퍼센트라는 게 뭐요?

'%'를 말합니다.

앗! 그건 당구장 표시 아니요?

헉! 재판장님, 퍼센트는 기준량을 100으로 두었을 때 비교하는 양의 값입니다.

어려워요. 좀 쉽게 설명해 줘요.

예를 들어 구슬이 5개 있는데, 그 가운데 2개가 검은 구슬이고 나머지는 흰 구슬이라고 치죠. 이때 검은 구슬의 비율은 얼마인가요?

비율은 비교하는 양을 기준량으로 나눈 값이고, 이때 비교하는 양은 검은 구슬의 개수인 2개이고, 기준량은 전체 구슬의 개수인 5개이니까 $2 \div 5 = \frac{2}{5}$ 가 되는군요.

그렇습니다. 그것은 비율을 분수로 나타낸 것이지요. 그럼 이제 퍼센트로 나타내 보겠어요. 퍼센트는 기준량이 100일 때 비교하는 양의 값이니까, $2 : 5 = \square : 100$에서 □를 구하면 $\square = \frac{2}{5} \times 100 = 40$ 이 되지요. 이것을 '퍼센트 비율'이라고 부르고 퍼센트(%)를 붙여서 40퍼센트(40%)라고 말하지요. 즉 방금 든 검은 구슬의 예에서 비율은 40퍼센트가 되지요.

가만, 그럼 이번 사건의 경우는 어떻게 되는 거요?

아이셔 아이스크림사는 150달란에서 30달란을 할인했으므로 원가인 100달란을 빼고 20달란의 이윤을 남기는 거죠.

그럼 시원달콤사는요?

정가의 30퍼센트를 할인한다고 했지요? 30퍼센트란 분수 비율로 나타내면 $\frac{30}{100}$이므로 150달란의 $\frac{30}{100}$ 을 할인한단 얘깁니다. 즉 $150 \times \frac{30}{100} = 45$(달란)이므로 원더바를 정가인 150달란에서 45달란 할인된 105달란에 팔고 있는 거예요. 즉 시원달콤사의 이윤은 5원이 되지요.

그래도 이윤은 남는군.

물론이지요. 손해 볼 장사를 하겠습니까?

자, 판결하겠습니다. 매쓰 변호사의 환상적인 변론을 통해 우리는 퍼센트 비율이 뭔지 알게 되었습니다. 그리고 시원달콤사의 원더바가 아이셔사의 울트라바보다 싸다는 결론을 얻었습니다. 하지만 이런 식으로 할인 경쟁을 하다가는 두 회사 모두 망할 수밖에 없으므로 기본적인 이윤을 추구하는 범위 내에서 두 회사의 아이스크림 가격을 통일하는 것으로 조치하겠습니다.

할인 가격 구하기

정가에서 할인된 가격을 구하는 공식을 알아보자. 정가에서 □% 할인된 물건의 가격은 정가×$(1-\frac{□}{100})$이다.

시원달콤 아이스크림사의 원더바에 이 공식을 적용하면 150× $(1-\frac{30}{100})$ = 150× $\frac{70}{100}$ = 105달란이 된다.

비율로 쓴 유언장

어떻게 유산을 가장 효과적으로 나눌 수 있을까요?

라티오 대학의 이비율 교수는 평생 비율 연구만 해왔다. 그는 최근 연비에 관한 중요한 논문을 세계적인 비율 잡지 〈비율수학지〉에 타이틀 논문으로 실으면서 '수학의 노벨상'이라고 일컬어지는 필즈 메달의 유력한 수상자 후보로 선정되었다.

'평생에 한 번 받을까 말까 한 메달인데, 꼭 받게 되면 좋겠다.'

값진 상이니만큼 이비율 교수는 메달에 대한 간절함이 커졌다. 밤마다 필즈 메달을 상상하며 잠들던 이비율 교수는 결국 꿈에 그리던 필즈 메달을 받게 되었고, 상금으로 8,600만 달란을 받았다.

'감사합니다, 하느님. 제가 수학을 좀 잘하긴 하지만 그래도 이 상은 하느님께서 주신 걸로 여기고 더욱 열심히 수학 연구를 하겠습니다.'

상에다 상금까지 받은 이비율 교수는 그야말로 뛸 듯이 기뻤다. 이 상이 더욱 값지게 느껴졌던 까닭은 아내의 죽음 이후 이비율 교수 홀로 키운 세 자녀 모두 수학자를 꿈꾸며 공부하고 있었기 때문이다.

"아버지처럼 수학을 열심히, 꾸준히 공부하다 보면 이런 상을 받게 되는 날이 올 거야."

상을 받은 이비율 교수가 자녀들에게 가장 먼저 들려준 말이었다.

이제 지긋하게 나이를 먹은 이비율 교수는 어느 날 문득 유언장을 미리 준비해 두어야겠다는 생각을 하게 되었다. 꼼꼼하기로 소문난 이비율 교수는 자기 유언을 집행해 줄 졸다구 변호사를 불렀다.

"지금부터 내 유언을 받아 적어요."

"교수님, 그게 무슨 말씀입니까?"

졸다구 변호사는 놀란 눈을 치켜뜨며 물었다.

"나이도 좀 있고 하니, 미리미리 준비해 두는 것이 좋을 것 같아 그래요."

"아! 그렇군요. 저는 교수님이 중병에 걸리시기라도 한 줄 알았어요."

"내가 자식들에게 물려줄 유산은 지난번에 상금으로 받은 8,600

만 달란이 전부예요. 이 유산을 큰아들과 둘째 아들의 비는 6 : 5가 되도록 하고, 둘째 아들과 막내아들의 비는 3 : 2가 되게 배분하는 것으로 하겠습니다."

이비율 교수가 말을 끝내자 졸다구 변호사는 유언장을 만들어 교수의 서명을 받은 뒤 자기도 서명을 했다. 그런데 얼마 뒤 이비율 교수가 학회에 다녀오다가 비행기 사고로 그만 세상을 뜨고 말았다.

졸다구 변호사는 교수의 아들들을 불렀다.

"일전에 아버님께서 저를 부르셔서 만일의 경우에 대비해 유언장을 작성해 두셨습니다."

졸다구 변호사는 이비율 교수의 유언장을 아들들에게 보여 주었다. 하지만 세 아들은 도대체 자기들이 얼마씩 가져야 할지를 몰라 대략 난감한 상태였다.

"이거 얼마씩 나누어 가져야 하는 건지……?"

"역시 필즈 메달은 아무나 받는 것이 아니군."

"우리 머리론 아직 무리야. 수학법정에 물어 보자."

그래서 세 아들은 자기들이 받을 몫을 결정해 달라며 수학법정에 이 문제를 의뢰했다.

3개 이상의 수(양)를 비로 나타낸 것을 '연비'라고 합니다.
이를테면, 3개의 수 a, b, c가 있어 a : b = 3 : 10,
b : c = 10 : 2일 때 이것을 a : b : c = 3 : 10 : 2 로 쓰고,
이를 세 수의 연비라 합니다.

여기는 수학법정

세 아들은 유산을 얼마씩 받게 될까요?
수학법정에서 알아봅시다.

재판을 시작합니다. 오늘은 원고와 피고가 없군요.

그럼 전 뭘 하죠?

어떻게 나누어야 하는지 의견을 말해 보세요.

6 : 5나 3 : 2나 대충 1 : 1과 비슷하니까 세 아들이 똑같이 3분의 1씩 나누어 가지면 어떨까요? 그리고 일찍 끝내지요. 그럼 형제간의 우애도 좋아질 텐데…….

수치 변호사는 인생이 대충대충이군요.

헤, 좀 그런 편이지요.

매쓰 변호사, 뭐 좋은 수가 있나요?

좋은 수라기보다는 세 아들이 받아야 할 비율을 구할 수 있습니다.

어떻게요?

이런 것을 연비라고 부르는데, 연비를 통해 세 아들의 유산 상속 비율을 구할 수 있습니다.

어떻게 하면 되죠?

큰아들이 받아야 하는 유산의 양을 1이라고 해 보죠. 그리고 둘째 아들이 받아야 하는 유산의 양을 □라고 하면, 6 : 5 = 1 :

□. 따라서 □ $=\frac{5}{6}$ 가 됩니다.

그럼 막내아들은요?

네, 막내아들이 받아야 하는 양을 △라고 하면 $3:2=\frac{5}{6}:\triangle$. $\triangle=\frac{5}{9}$ 가 됩니다. 그러므로 세 사람의 유산의 양의 비는 $1:\frac{5}{6}:\frac{5}{9}$가 되지요.

너무 지저분한데…….

비는 전체적으로 같은 수를 곱해도 비값이 달라지지 않으니까 6과 9의 최소공배수인 18을 전체적으로 곱해 보죠.

그럼 18 : 15 : 10 이 되는데, 이것이 세 아들이 가지게 될 유산의 비입니다.

그렇다면 큰아들은 얼마를 가져야 하나…… ?

그건 비례배분 공식으로 쉽게 알 수 있습니다.

어떻게 하는 거요?

큰아들이 받을 유산은 $8600\times\frac{18}{18+15+10}$ (만 달란)이 되는 거고, 둘째 아들이 받을 유산은 $8600\times\frac{15}{18+15+10}$ (만 달란)이 되고,

18을 곱하는 이유

최소공배수인 18을 곱함으로써 세 분수의 분모가 1이 된다. 즉, 통분이 되는 것이다. 그렇다면 왜 분모를 같게 하는 통분을 하는 것일까?
6조각으로 자른 피자와 9조각으로 자른 피자가 있다고 생각해 보자. 그리고 여기에서 각각 1조각과 2조각씩 먹을 수 있다고 하면 어느 쪽이 더 많이 먹는 게 될까? 이때 기본 단위가 다르기 때문에 비교할 수 없으므로 기본 단위를 같게 만들어서(18조각으로 나누어) 비교해야 하는 것이다.

막내아들의 유산은 $8600 \times \frac{10}{18+15+10}$ (만 달란)이 되지요.

퍼펙트!! 더 이상 진행할 이유가 없군요! 이대로 집행하면 되겠어요.

야구의 타율

타석과 타수는 어떻게 다를까요?

과학공화국 국민들은 스포츠를 좋아하는데, 많은 스포츠 가운데서도 특히 야구를 좋아했다. 과학공화국에는 10개의 프로야구 팀이 있었고, 각 팀은 뛰어난 선수들 덕에 국민들에게 사랑을 듬뿍 받았다.

"드디어 기다리고 기다리던 야구 시즌이 돌아왔어요!"

"우리 과학공화국 야구 팀들 실력이 만만치 않아서 올해 역시 어느 팀이 결승에 오를지 짐작하기가 쉽지 않겠어요."

야구 시즌이 되자, 과학공화국 거리거리마다 야구 중계가 끊이지 않았다. 과학공화국 프로야구 리그인 사이언 베이스볼 리그는 이제

막바지로 접어들고 있었다. 결승에 오른 팀은 수학라이온스와 물리베어스였다. 이 두 팀은 끝까지 엎치락뒤치락 결과를 예측할 수 없는 경기를 펼쳤다. 마침내 수학라이온스가 물리베어스를 챔피언 결정전에서 물리치고 우승을 거머쥐는 것으로 경기는 끝났다.

"아, 결국 수학라이온스가 올해의 우승 팀이 되었군요."

"물리베어스 팀 선전했는데 안타깝네요. 이제, 최고 타자를 뽑는 일만 남았나요?"

"그렇죠. 야구 시즌의 하이라이트 최고 타자는 누가 될지 기대됩니다."

거리마다 최고 타자 예상 보도가 울려 퍼졌다. 최고 타자란 최고의 타율을 기록한 선수를 말하는데, 두 선수가 1위 자리를 놓고 경합을 벌이고 있었다.

"수학라이온스 이안타 선수와 화학이글스 모다처 선수, 두 사람 치열하군요."

"누가 될지, 계산을 좀 해야겠어요."

수학라이온스의 이안타 선수는 69타석에 23개의 안타를 때렸으며, 사사구 1개를 얻어 냈다. 또 화학이글스의 모다처 선수는 138타석에서 46개의 안타를 기록했다.

이 두 선수 가운데 누굴 타격왕으로 뽑아야 옳을지, 프로야구 위원회에서는 설전이 벌어졌다.

"69의 두 배는 138이고 23의 두 배는 46이니까 두 선수는 같은 비율로 안타를 만들어 냈어요. 그러므로 올해 타격왕은 두 선수 모두에게 돌아가야 합니다."

프로야구 위원회 사무처장이 강력하게 주장했다. 그러자 위원들 모두 사무처장의 주장에 동의했고, 결국 두 선수를 공동 타격왕으로 선정했다.

이 소식을 접한 이안타 선수는 고개를 갸웃거렸다.

"이상하네? 난 사사구를 하나 얻었는데……."

결국 이안타 선수는 프로야구 위원회로 달려가 이 사실을 알렸다.

"저, 제가 사사구가 하나 있는데, 아무래도 타율 계산이 잘못된 것 같습니다."

"무슨 소립니까? 저희 쪽에서 몇 번씩이나 계산을 했다고요. 공동 우승이 맞습니다."

프로야구 위원회에서는 자기들의 계산이 정확하다며 이안타 선수의 주장을 무시했다. 그러자 이안타 선수는 프로야구 위원회를 수학법정에 고소했다.

야구에서도 수학의 비율을 이용합니다.
타율을 결정할 때 사사구의 개수를 빼고 계산하며,
이를 할, 푼, 리라고 읽습니다.

여기는 수학법정

야구의 타율은 어떻게 계산할까요?
수학법정에서 알아봅시다.

재판을 시작합니다. 먼저 피고 측 변론하세요.

공동 타격왕이 되는 것도 쉬운 일이 아닌데, 이안타 선수 너무 욕심이 많은 거 같네요. 그리고 한 해에 타격왕이 두 명이라면 오히려 기분 좋은 일 아닌가요?

그런 말 말고 좀 수학적으로 변론을 해 보세요.

두 선수가 같은 비율로 안타를 쳤으니까 두 선수가 기록한 타율은 같아요.

수치 변호사는 타율이 뭔지 알아요?

오늘 처음 들었습니다. 전 야구보다는 축구를 좋아해서…….

알겠소. 그만둡시다. 그럼 원고 측 변론하세요.

이건 타석과 타수를 제대로 구별하지 못해서 생긴 일입니다.

그게 차이가 있나요? 야구 규칙은 너무 복잡해서 나도 잘…….

타자가 타석에 들어가서 투수와 한 번 상대하는 것을 한 타석이라고 말합니다. 이때 가능한 경우의 수는 세 가지 정도입니다.

계속 설명해 봐요.

안타를 치고 나가거나, 아니면 아웃이 되거나, 아니면 사사구로 걸어 나가는 거죠.

사사구는 뭐요?

볼 4개가 들어오거나 타자가 투수가 던진 공에 맞아서 1루로 가는 것을 말합니다.

맞아. 본 것 같아요. 그럼 사사구로 걸어 나가는 것이나 안타를 쳐서 1루로 나가는 것이나 마찬가지 아닌가요?

그렇게 생각할 수 있습니다. 하지만 야구에서는 사사구로 걸어 나가는 것은 안타도 아니고 아웃도 아닌 것으로 인정합니다. 그래서 타율을 결정할 때 기준량은 타석이 아니라 타석에서 사사구의 개수를 뺀 값이 되는데, 이 값을 타수라고 부릅니다.

그럼 이안타 선수와 모다처 선수에게 어떤 차이가 있지요?

먼저 이안타 선수는 69타석에 23안타와 1개의 사사구가 있습니다. 그러므로 타수는 69 − 1, 즉 68입니다. 이것이 타율을 결정하는 기준량이 되는 거죠. 그러므로 이안타 선수의 타율은 $\frac{23}{68}$이 됩니다. 이것을 소수로 나타내면 0.3382……가 되는데, 이때 소수 첫째 자리를 '할', 둘째 자리를 '푼', 셋째 자리를 '리'라고 읽습니다. 고로, 이안타 선수의 타율은 3할 3푼 8리지요.

그럼 모다처 선수는요?

모다처 선수는 사사구가 없으므로 타석과 타수가 같습니다. 즉 138타수가 기준량이 되고 안타 수인 46이 비교하는 양이 되지요. 따라서 모다처 선수의 타율은 $\frac{46}{138}$, 이를 소수로 나타내면 0.3333……이므로 할푼리로 나타내면 3할 3푼 3리가 됩니다.

이안타 선수의 타율이 더 높군요!

그렇습니다.

야구의 타율에 대해 완벽한 강의를 들었어요. 자, 판결하겠습니다. 원고 측 주장대로 타격왕은 타율이 더 높은 이안타 선수의 단독 수상으로 결정되어야 합니다.

할, 푼, 리

소수 첫째 자리 이상을 할, 푼, 리로 표현할 수 있다. 이때 자연수의 자리 값도 포함하는데, 예를 들어 소수 1.234는 할, 푼, 리로 12할 3푼 4리라고 표현한다.

내가 더 많이 일한 것 같은데?

일하는 속도가 서로 다른 두 사람의 일당은 어떻게 계산할까요?

"우리, 열심히 해서 꼭 실력 있는 케이크 요리사가 되자."

"내 꿈은 세상에서 제일 예쁘고 맛있는 케이크를 만드는 거야. 그런 케이크를 만들려고 조금씩 준비하고 있어."

"난 세상에서 제일 행복한 케이크를 만들어 사람들에게 행복을 전해 주고 싶어."

"난 예쁘고 맛있는 케이크를 만들고, 넌 행복을 줄 수 있는 케이크를 만들면 되겠다."

조신해 씨와 나샘나 씨는 과학공화국에서 제일 유명한 조리 고등학교 동기였다. 두 사람은 조리 고등학교를 졸업한 뒤 케이크 전문 회사인 반주케 회사에서 수습사원으로 일하게 되었다.

뛰어난 맛과 럭셔리한 디자인을 자랑하는 반주케 회사의 케이크는 연인들 사이에서 최고 인기를 누리고 있었다. 두 사람은 언젠가는 이 회사의 정식 직원도 되고 월급도 더 많이 받겠다는 각오로 일을 시작했던 것이다.

"샘나야, 우리 진짜 열심히 해서 케이크계의 여왕이 되어 보자."

"당연하지! 난 케이크계의 신이 되겠어. 지금은 수습사원이지만 반드시 정직원이 될 테야. 그리고 케이크에서 만큼은 없어서는 안 될 존재가 되겠어."

"오버하기는, 후훗. 아무튼 열심히 해 보자."

두 사람은 나란히 붙어 일을 시작했다. 조신해 씨는 혹시라도 케이크가 부서질세라 조심조심 손을 놀렸다. 그러다 보니 케이크 하나를 만드는 데 40분이 걸렸다. 그리고 케이크 하나를 디자인하는 데도 역시 40분이 걸렸다. 조신해 씨는 옆에서 일하고 있는 나샘나 씨를 힐끔 보았다. 이럴 수가! 나샘나 씨는 20분 만에 케이크 한 개를 만들고 있었다.

"앙앙, 난 왜 이렇게 더딘 거야. 넌 나보다 일당을 많이 받겠다."

조신해 씨가 울상이 되어 말했다.

사실 나샘나 씨는 뭔가 튀는 디자인을 해 보려고 고민하느라 케이크 디자인 시간은 조신해 씨보다 오래 걸렸다. 즉 나샘나 씨는 케이크를 한 개 만드는 데 20분이 걸렸지만 조신해 씨가 케이크를 세 개 디자인하는 동안 나샘나 씨는 두 개를 겨우 디자인할 수 있었다.

이렇게 두 사람은 여덟 시간 동안 일했다.

"휴, 여덟 시간이나 케이크를 만들다니 완전 자랑스러운걸."

"우아~, 이게 다 내가 만든 거야! 무지무지 기쁜걸."

"케이크 하나에 1000달란이니까 네가 나보다 많이 받겠구나."

"좀 더 연습하면 나만큼 빨리 만들 수 있을 거야."

나샘나 씨는 내심 조신해 씨보다 자기가 더 많이 만들었을 거란 기대로 우쭐해 있었다. 하지만 일을 끝내고 두 사람이 받은 돈은 똑같이 6000달란씩이었다.

"제가 두 배로 빨리 케이크를 만들었다고요!"

나샘나 씨가 반주케 회사에 항의했다.

하지만 나샘나 씨가 아무리 항의를 해도 회사에서는 끝까지 자기들의 계산이 옳다고 주장했다.

화가 머리끝까지 치민 나샘나 씨는 친구인 조신해 씨의 만류를 뿌리치고 반주케 회사를 수학법정에 고소했다.

두 사람이 케이크를 디자인하고 만드는 데 걸린 시간을 비교하면
두 사람의 일당을 계산할 수 있습니다.

여기는 수학법정

두 사람 중 누가 일당을 더 많이 받아야 할까요?

수학법정에서 알아봅시다.

이번 사건은 정말 알쏭달쏭하네요. 먼저 원고 측 변론하세요.

요즘 근로자의 일당을 적당히 덜 주는 악덕 기업이 있다던데 반주케 회사가 그런 곳이군요.

무슨 근거로 그렇게 말하는 겁니까?

뻔한 얘기 아닙니까? 디자인은 둘째치고 케이크 만드는 속도가 두 배나 빨랐는데 어떻게 나샘나 씨와 조신해 씨가 받은 일당이 똑같을 수 있어요?

디자인은 조신해 씨가 더 빠르잖아요?

하지만 두 사람이 같은 일당을 받으려면 나샘나 씨가 케이크를 2개 디자인할 때 그 두 배인 4개를 디자인해야 하는 거 아닌가요? 그래야 공평해질 텐데…….

음, 그런 것도 같군요. 하지만 난 아직 이해가 잘 안 됩니다. 그럼 매쓰 변호사, 피고 측 변론하세요.

모두 착각에 빠져 있습니다.

그게 무슨 말입니까?

아주 쉽게 설명하지요. 일단 두 사람이 똑같이 케이크를 6개씩 만들고 디자인했다고 칩시다. 그리고 두 사람이 이 일에 걸린 시간을 비교해 보자고요. 먼저 조신해 씨가 케이크 6개를 만들려면 얼마나 걸리죠?

1개에 40분이니까 40×6 = 240(분).

그럼 6개를 모두 디자인하는 데는요?

한 개에 40분이니까 40×6 = 240(분).

그럼 조신해 씨는 총 480분이 걸립니다. 이제 나샘나 씨를 보죠. 나샘나 씨가 케이크를 6개 만드는 데 얼마나 걸리죠?

한 개에 20분이니까 20×6 = 120(분).

그럼 6개를 디자인하는 데 걸리는 시간은?

가만, 그건 비례식으로 풀어야 하는 거 아닌가요?

그럴 필요 없습니다. 조신해 씨가 3개를 디자인하는 동안 나샘나 씨는 2개를 디자인하므로 조신해 씨가 9개를 디자인할 때 나샘나 씨는 6개를 디자인할 수 있습니다. 조신해 씨가 9개를 디자인하는 데 걸리는 시간은 40×9 = 360(분)이고, 이것이 나샘나 씨가 6개를 디자인하는 데 걸리는 시간이므로 나샘나 씨가 일한 전체 시간은 120+360 = 480(분)이 되어 조신해 씨가 일한 전체 시간과 같아집니다. 그러므로 두 사람의 일당이 똑같아야 한다고 주장합니다.

딩동댕! 완벽한 변론이었습니다. 흔히 이렇게 착각을 해서 자기가 불이익을 받는다고 생각할 수도 있습니다. 정말로 불공정한

지 공정한지를 제대로 알려면 수학 공부를 열심히 하세요. 이번 사건에 대해 원고 측은 더 이상 할 말이 없을 것 같고, 쓸데없이 법정을 열리게 한 무식함을 조금이라도 뉘우치라는 의미에서 원고 나샘나 씨에게 정부에서 운영하는 비율 특강 교실에 1주일 동안 참석할 것을 명령합니다.

1등은 누구?

어떻게 비율로 1등을 가릴 수 있을까요?

"쭉쭉빵빵 완벽 S라인, 혼자서 보기엔 안타까운 예쁜 몸매라면 도전하세요. 미스 비율녀의 왕관이 당신을 기다립니다.'

여자들이 완벽한 비율의 몸매를 뽐낼 수 있는 미스 비율녀 선발 대회가 과학공화국에서 열렸다.

전국 각지에서 모인 40명의 S라인 참가자들은 예선을 거치며 줄줄이 탈락했다. 이제 남은 사람은 세 명뿐이었다.

"올해는 유난히 몸매가 예쁜 여성들이 많이 도전했는데요, 수많은 황금 비율 몸매 도전자들을 제치고 세 사람만 남았습니다. 이 세 사람 가운데 누가 미스 비율녀의 영예를 차지할까요? 아, 긴장되는 순간입니다."

결선을 앞두고 사회자가 도전자들을 다시 한 번 소개하기 시작했다.

"먼저 참가 번호 12번 이비례 양입니다. 손바닥만 한 얼굴에 끝이 보이지 않을 만큼 긴 다리…… 역시 결선 진출자답군요."

이비례 양이 무대로 사뿐사뿐 걸어 나왔다.

"안녕하십니까! 균형 잡히지 않는 몸은 끼워 주지도 않는 이비례입니다. 완벽한 몸매를 위해 꾸준히 요가를 하고 있습니다. 잘 부탁드립니다."

심사 위원 세 명은 점수를 매기느라 정신이 없었다.

"두 번째 소개해 드릴 도전자는 참가 번호 27번 김비율 양입니다. 잘록한 허리가 자랑이라고 하는 김비율 양은 늘씬한 키 또한 빼놓을 수 없는 매력 포인트입니다."

두 번째로 소개된 김비율 양이 자기소개를 했다.

"안녕하십니까! 따라올 테면 따라와 봐 허리 김비율입니다. 잘록한 허리를 위해 날마다 훌라후프를 1000번씩 돌리고 있습니다. 잘 부탁드립니다."

두 번째 참가자 김비율 양의 소개가 끝나고, 마지막 도전자로 교포인 퍼센토 양의 소개가 이어졌다.

"마지막으로 소개해 드릴 도전자는 참가 번호 43번 퍼센토 양입니다. 퍼센토 양의 자랑은 쫙 빠진 각선미랍니다. 저 미끈한 다리에 파리도 미끄러질 것 같습니다."

퍼센토 양이 각선미를 뽐내며 등장했다.

"안녕하십니까, 아름다운 밤입니다. 이 다리를 만들기 위해 다리에 알통이 생길 만한 행동은 절대로 하지 않았습니다. 밤이면 밤마다 병으로 다리를 밀었더니 이렇게 미끈한 다리가 되었습니다. 잘 부탁드립니다."

마침내 소개가 모두 끝나고 심사 위원들이 점수를 매기는 동안 초청 가수의 공연이 화려하게 펼쳐졌다. 그리고 세 심사 위원은 다음과 같은 채점표를 사회자에게 건네주었다.

심사 위원	1등	2등	3등
A	이비례	김비율	퍼센토
B	퍼센토	이비례	김비율
C	김비율	퍼센토	이비례

채점표를 보는 순간 사회자는 당황했다. 세 사람 모두 1등, 2등, 3등을 한 번씩 받았기 때문이다.

"1등을 3점, 2등을 2점, 3등을 1점으로 계산하면 이비례 양의 점수는 6점, 김비율 양의 점수도 6점, 퍼센토 양의 점수도 6점이니까 세 명의 결선 진출자 모두 동점입니다. 그러므로 이번 대회의 우승은 세 사람이 공동 수상을 하게 되었습니다."

사회자는 재치를 발휘해 이렇게 말하고는 서둘러 대회를 끝마쳤다.

'이건 말도 안 돼. 내 몸매가 최고라고. 누구에게도 뒤지지 않는단

말이야. 그런데 공동 우승이라니……! 절대 받아들일 수 없어!'

자기 몸매가 가장 완벽하다고 굳게 믿었던 이비례 양은 이번 미스 비율녀 선발 대회 채점에 수학적으로 뭔가 문제가 있다고 생각했다. 아무리 생각해도 납득이 가지 않았던 이비례 양은 결국 대회 심사 위원들을 수학법정에 고소했다.

심사 기준에 비율의 개념을 활용하면
좀 더 공정한 평가를 할 수 있으며,
공동 우승이 나올 확률도 적습니다.

어떻게 점수를 매기는 것이 공정할까요?
수학법정에서 알아봅시다.

재판을 시작하겠습니다. 먼저 피고 측 변호사 변론하세요.

결선 진출자 세 명의 몸매가 자웅을 가릴 수 없을 정도로 뛰어나서 심사 위원들의 표가 나뉘어 우연히 공동 우승으로 나왔다면 참가자는 그 결과에 따라야 합니다. 건방지게시리 뭘 심사 위원을 고소하고 그래! 몸매만 완벽한 비율이면 뭐 하냐고, 정신이 틀린 비율인걸!

수치 변호사, 정신이 틀린 비율이라는 건 무슨 뜻입니까?

온전치 못하다는 비유법이지요.

이상한 비유군! 원고 측 변론하세요.

저는 비율연구소의 라티아 박사를 증인으로 요청합니다.

상체와 하체의 비율이 완벽한 노란 재킷에 청바지 차림으로 남자가 증인석으로 걸어 들어왔다.

증인이 하는 일을 설명해 주십시오.

일상생활에서 비율이 쓰이는 곳을 연구하는 일입니다.

좋아요. 그럼 이번 심사에 대해 어떻게 생각하십니까?

심사 위원들이 세 명의 결선 진출자를 놓고 저마다 등수를 정했기 때문에 이런 일이 생겼다고 볼 수 있습니다.

어떻게 하는 게 합리적일까요?

심사 위원들이 비율로 점수를 매겼다면 공동 우승이 나올 확률은 적었을 것입니다.

어떻게 비율로 점수를 매기나요?

1을 세 사람에게 나누어 주는 것입니다. 이를테면 A라는 심사 위원이 이비례 양, 김비율 양, 퍼센토 양 순으로 순위를 매겼는데, 만일 이비례 양이 압도적으로 뛰어나다고 생각한다면 이비례 양에게 더 큰 비율의 점수를 주는 것입니다. 예, 심사 위원 A가 세 명에게 차례로 점수를 0.7, 0.2, 0.1점을 주었다고 합시다. 물론 이 세 점수의 합은 전체 비율인 1이 되어야 하지요. 그리고 다른 심사 위원들도 소수점 첫째 자리까지 비율로 점수를 매기는 것입니다. 예를 들어 채점 결과가 다음과 같았다고 합시다.

심사 위원	이비례	김비율	퍼센토
A	0.7	0.2	0.1
B	0.3	0.2	0.5
C	0.1	0.5	0.4

이비례 양이 심사 위원 세 명에게서 받은 점수의 합은 얼마죠?

0.7+0.3+0.1 = 1.1

김비율 양은요?

0.2+0.2+0.5 = 0.9

퍼센토 양은 얼마입니까?

0.1+0.5+0.4 = 1.0

그러니까 대회 우승자는 이비례 양이 되는 것입니다. 물론 이건 예일 뿐이니까 다른 사람이 우승자가 될 수도 있고요, 또 이렇게 하더라도 우연히 공동 우승이 될 수도 있습니다.

그렇군요. 재판장님, 이번 사건은 채점 방법 때문에 빚어진 것으로 판단됩니다.

심사 기준에 비율의 개념을 넣는다는 건 좋은 생각입니다. 만일 심사 위원들이 공정하기만 하다면 말입니다. 비율을 이용한 채점도 어떤 심사 위원이 특정 후보에게 압도적인 비율의 점수를 주어 우승자가 되도록 악용한다면 문제가 있으니까요. 그러므로 우리는 비율 점수 제도가 반드시 좋다고 단정할 수는 없습니다. 하지만 채점 방법의 다양화라는 측면에서 새로운 방향 제시를 할 수 있다고 생각하고, 정부 산하 공정채점위원회에 증인이 이야기한 비율 점수제 아이디어를 올려 볼 생각입니다.

비율 점수제

스포츠에서도 비율 점수제로 심사를 한다. 다이빙이나 체조에서 이러한 비율 점수제로 채점을 하는데, 10점 만점에서 0.1점 단위로 채점을 진행한다. 이때 심사 위원(4~7명)에서 최고점과 최저점을 제외한 나머지 점수의 평균점이 최종 점수가 된다.

네자릿수의 0의 개수

네자릿수를 모두 적으려면 0을 몇 번 써야 할까요?

"수비야, 조금만 놀다 가자. 우리 오늘 피자 먹으러 갈 건데 놀다가 같이 가."

"미안하지만 난 못 가. 오늘도 아버지와 수학의 발전을 위해 노력해야 해."

"수학이 그렇게 재밌냐? 넌 정말 신기한 캐릭터야."

"좋은 걸 어쩌니. 아버지가 기다리시겠다. 그럼 나 먼저 간다."

과학 초등학교 5학년에 다니는 김수비 군은 학교만 마치면 곧장 집으로 달려갔다. 김수비 군의 아버지인 김수랑 씨가 아들과 함께 수학 공부를 하려고 기다리고 있었기 때문이다.

김수랑 씨는 수학에 대해서는 자기가 세계 최고의 실력자라고 굳게 믿었다. 그래서 수학 학원에 보내지 않고 자기가 아들을 손수 가르치고 있었다.

"아버지, 이번 세계 수학 대회 대표 선발에서 이수장이랑 겨루게 되었어요. 그러니까 더 열심히 공부해야 해요."

"학원에 목숨 걸고 다닌다는 그 수장이 말이냐? 아들아, 걱정할 것 없다. 이 아버지가 있잖니. 오늘부터 더 빡세게 공부하자꾸나."

같은 반 친구인 이수장 군은 김수비 군과 수학 1, 2등을 다투고 있었다. 하지만 두 사람의 공부 방식은 완전히 달랐다. 김수비 군이 아버지와 함께 가정 학습을 하는 방식이라면 이수장 군은 거의 모든 공부를 학원에서 했다.

그런데 이번에 학교의 명예를 걸고 세계 수학 대회에 나갈 단 한 사람을 뽑는 대표 선발에서 김수비 군과 이수장 군이 운명의 한판 승부를 펼치게 되었던 것이다.

두 사람은 예선을 만점으로 통과한 뒤 결승전에서 맞붙었다. 이제 남은 문제는 단 한 문제. 지금까지 두 사람의 점수는 250 : 250, 동점이었다. 그러므로 마지막 한 문제를 맞히는 사람이 우승자로 결정되는 순간이었다.

드디어 사회자가 마지막 문제가 든 봉투를 열었다.

"손에 땀을 쥐게 하는 순간입니다. 서로 동점을 달리는 가운데 마지막 문제 나갑니다. 네자릿수를 모두 적으려면 0은 몇 번 써야 할까요?"

이수장 군은 종이를 꺼내 1000부터 적어가며 0의 개수를 헤아리기 시작했다.

이 때 김수비 군이 '삐익!' 버저를 눌렀다.

"네에, 김수비 학생! 정답은?"

사회자가 시계를 들여다보며 조금 놀란 표정으로 물었다.

"2700개입니다."

"와우, 정말 놀랍군요! 정답입니다!"

이렇게 해서 세계 수학 대회 대표는 김수비 군으로 결정되었다.

"그럴 리가 없어요. 어떻게 1분 만에 답을 구할 수가 있죠? 뭔가 속임수를 쓴 게 틀림없다고요!"

자존심이 상한 이수장 군은 순순히 김수비 군의 승리를 받아들일 수가 없었다. 분한 마음을 추스를 수 없었던 이수장 군은 결국 문제가 사전에 유출이 된 것이 아니고서야 그렇게 빠르게 0의 개수를 헤아릴 수는 없다며 출제 위원회 측을 수학법정에 고소했다.

네자릿수는 1000부터 9999까지 모두 9000개입니다. 일의 자리에 0이 나오는 비율은 전체의 $\frac{1}{10}$이고, 십의 자리와 백의 자리에 0이 나오는 비율도 각각 $\frac{1}{10}$입니다.

여기는 수학법정

네자릿수에 쓰이는 0의 개수는 모두 몇 개일까요?
수학법정에서 알아봅시다.

재판을 시작합니다. 원고 측 변론하세요.

네자릿수는 1000부터 9999까지 모두 8999개입니다.

9000개입니다.

무슨 소리요? 9999 − 1000 = 8999니까 8999개가 맞다니까…….

아니지요. 수치 변호사님, 1부터 10까지 수가 몇 개인가요?

10개.

그럼 10 −1은?

9.

그것 봐요. 하나 차이가 나지요?

앗! 나의 실수!

변론 계속하세요. 수치 변호사.

아무튼 이렇게 많은 수들을 쓰는 데에도 시간이 엄청 오래 걸릴 것입니다. 거기다 0의 개수를 헤아리는 데에도 시간이 걸리니까 이 문제는 아마 하루 종일 풀어야 되지 않았을까요? 그런데 김수비 군은 1분 만에 정답을 구했습니다. 이건 누가 봐도 완벽한 조작입니다.

수치 변호사! 섣불리 단정하지 마세요. 그럼 피고 측 변론하세요.

김수비 군의 아버지 김수랑 씨를 증인으로 요청합니다.

5 : 5 가르마를 한 길쭉한 얼굴의 남자가 걸어나와 증인석에 앉았다.

증인이 이 문제를 푸는 방법을 아들에게 가르쳐 줬다는데, 사실입니까?

네, 아들과 제가 최근에 연구하던 문제입니다.

어떻게 1분 만에 그 많은 수들 속의 0의 개수를 헤아리지요?

헤아리는 것은 무식한 방법입니다.

그럼 어떻게 하는 거죠?

비율의 개념을 사용하면 됩니다.

좀 더 구체적으로 설명해 주시겠습니까?

먼저 1000에서 9999까지는 9000개의 자연수가 있습니다. 그럼 일의 자리에 0이 나오는 비율은 전체의 $\frac{1}{10}$이므로 일의 자리에 쓰인 0의 개수는 $9000 \times \frac{1}{10} = 900$(개)이 됩니다. 마찬가지로 십의 자리에 쓰인 0의 개수도 900개, 백의 자리에 쓰인 0의 개수도 900개이므로 전체적으로 사용된 0의 개수는

900+900+900 = 2700(개)이 되는 것입니다.

와우! 정말 비율을 이용하니까 몇 초 만에 답이 나오는군요.

나도 정말 신기하오. 그럼 판결합니다. 이번 사건에서 원고가 의문을 제기했던 문제 유출은 없었으며, 다만 김수비 군이 아버지 김수랑 씨에게 이미 그 문제의 해법을 배웠기에 문제의 답을 빨리 맞힌 것으로 결론을 내리겠습니다. 사교육이 판치고 있는 요즈음 이번 재판은 우리에게 교훈을 주었습니다. 사교육을 받지 않고도 학교와 집에서 공부해 뛰어난 어린 수학자가 탄생할 수 있다는 사실을 알았으니까요.

처음 나무 높이를 어떻게 알죠?

지금의 나무 높이로 처음 사 왔을 때의 높이를 계산할 수 있을까요?

김시비 씨와 이투덜 씨는 서로 이웃에 살았다. 두 사람이 사는 곳은 전원주택이었는데, 모양이 똑같은 집들이 다닥다닥 붙어 있는 데다 담의 높이까지 낮아 마당에 서면 옆집이 훤히 들여다보일 정도였다.

이웃이라 누구보다 사이좋을 것 같은 두 사람은 마을에서 소문난 앙숙이었다. 두 사람의 사이가 틀어진 원인은 몇 년 전 나무 경매 사건으로 거슬러 올라간다. 몇 년 전에 마을에서는 나무 두 그루를 경매에 내놓았다. 그 경매에서 달랑 1달란을 더 적어 낸 김시비 씨가 나무 두 그루를 헐값에 가지고 가면서부터 두 사람은 서로 으르렁대기 시작했다.

김시비 씨는 나무 두 그루를 담 옆에 심었다. 가까이 사는 이투덜 씨는 그 나무를 볼 때마다 화가 치밀어 견딜 수가 없었다.

나무를 심은 지 딱 한 달 되던 날, 김시비 씨는 갑작스레 출장을 다녀오게 되었다. 잠깐 출장을 갔다가 집에 돌아왔더니 김시비 씨의 나무 두 그루가 감쪽같이 사라지고 없었다. 깜짝 놀란 김시비 씨는 두리번거리며 나무를 찾아보았다. 그런데 김시비 씨의 나무와 똑같이 생긴 나무가 이투덜 씨 집 마당에 심어져 있는 게 아닌가!

"왜 남의 나무를 훔쳐 간 거야?"

김시비 씨가 이투덜 씨의 멱살을 잡고 소리쳤다.

"누가 뭘 훔쳤다고 그래? 같은 나무가 어디 한두 그루야, 엉?"

이투덜 씨가 김시비 씨의 손을 냅다 뿌리치며 말했다.

결국, 이 문제로 경찰까지 부르게 되었다.

"두 분, 좀 진정하시고 좋게좋게 해결하시죠. 뭘 이만한 일로 이웃끼리 경찰까지 부르고 그러세요."

"그렇게 흐리멍덩하게 넘어갈 일이 아니에요. 이건 분명 도둑질이라고요. 이런 일은 명확하게 짚고 넘어가야 해요."

"나야말로, 이렇게 도둑 취급을 받으니 난감하고 분하기 짝이 없어요. 제대로 밝혀 주세요. 나무에 이름이 쓰인 것도 아니고, 비슷한 나무가 어디 한두 그루랍디까?"

경찰이 김시비 씨와 이투덜 씨를 화해시켜 보려 했으나 열이 난 두 사람은 누구도 누그러질 태세가 아니었다.

김시비 씨는 자기 나무임을 증명하려고 경찰에게 나무 일기를 보여 주었다. 나무 일기는 처음 나무를 사 왔을 때 두 나무의 키를 적어 두었던 부분이 찢어진 상태였다.

하지만 평소 수학을 좋아하던 김시비 씨는 나무 일기에다 나무의 성장한 내용을 수학적으로 꼼꼼하게 기록해 두었다.

두 나무를 처음 사 왔을 때 키의 비는 15 : 7이었고, 한 달 동안 30센티미터가 자랐으며, 출장 가기 직전(도둑맞기 전)에 잰 두 나무의 키의 비는 5 : 3이었다.

이 일기는 경찰에 접수되었다.

"증거 자료라고는 이것밖에 없는데, 김시비 씨의 수학적 지식을 따라가기가 어렵네요. 아무리 일기장을 유심히 살펴보아도 답이 나오질 않아요. 안 되겠어요. 수학법정에 의뢰해야겠어요."

아무리 들여다보아도 암호 같기만 한 나무 일기로는 처음 사 왔을 때의 나무의 키를 알 수가 없었다. 한참을 고민하던 경찰은 이 문제를 수학법정에 의뢰했다.

이항이란 등식의 성질에 따라 등식의 한 변에 있는 항을 부호를 바꾸어 다른 변으로 옮기는 것입니다. 35×a+150 = 45×a+90은 이항을 통해 a의 값을 구할 수 있습니다.

여기는 수학법정

두 나무의 키의 비에서 30센티미터가 더 자란 나무의 높이를 알 수 있을까요?
수학법정에서 알아봅시다.

재판을 시작하겠습니다. 먼저 이투덜 씨 측 변론하세요.

변론할 것도 없어요. 이투덜 씨네 마당에 심어 놓은 나무 두 그루가 김시비 씨의 것이라는 증거가 없잖아요? 재판은 생각으로 하는 게 아니라 증거로 하는 거……죠. 증거는 눈에 보이는 거~죠.

이상한 개그하지 말아요.

개그가 아니라 변론인 거……죠.

그게 다요?

네, 이상인 거~죠.

그럼 김시비 씨 측 변론하세요.

저는 김시비 씨의 나무 일기를 경찰에서 건네받아 이를 비율연구소에 조사, 의뢰했습니다. 그래서 비율연구소의 장비율 박사를 증인으로 요청합니다.

흰 머리가 군데군데 나 있는 50대 남자가 증인석에 앉았다. 

나무 일기에서 어떤 실마리라도 찾으셨습니까?

나무 일기는 수학적으로 쓴 메모였습니다. 그것을 토대로 김시비 씨가 정성 들여 키운 두 나무의 현재 키를 알 수 있습니다.

정말입니까? 어떻게 그게 가능하죠?

비율을 이용하면 됩니다. 먼저 한 달 전 두 나무의 키의 비가 15 : 7이니까 두 나무의 키를 15× a, 7× a라고 해 둡시다. 그럼 각각의 나무가 30센티미터 자란 뒤 두 나무의 키는 각각 15× a+30, 7× a+30이 되지요. 그런데 이때 두 나무의 키의 비가 5 : 3이므로, 15× a+30 : 7× a+30 = 5 : 3이 됩니다. 이 식을 정리하면, 5×(7× a+30) = 3×(15× a+30)이 되고요. 좀 더 정리해 보면, 35× a+150 = 45× a+90이 됩니다.

그 다음은요?

이항을 시키면 되지요. 그러면 10×a = 60이 되고, 양변을 10으로 나누면 a = 6이 됩니다.

그럼 지금 나무의 키는 얼마죠?

a = 6을 15×a+30과 7×a+30에 넣으면 되니까, 한 그루는 120센티미터이고 다른 한 그루는 72센티미터입니다.

고맙습니다, 박사님. 존경하는 재판장님. 경찰 조사에 따르면, 이투덜 씨의 집 마당에 있는 두 나무의 키가 바로 120센티미터와 72센티미터입니다. 나무의 종류도 같고 키도 같으므로 이투덜 씨가 김시비 씨의 나무를 자기 집 마당에 옮겨 심었다고 생각할 수밖에는 없습니다.

완벽하지는 않지만, 이투덜 씨가 저지른 짓이라고 보는 것이 옳겠군요. 일단 재판에 나와서 성심껏 설명해 준 증인의 증언을 토대로 이투덜 씨에 대해 본격적으로 조사를 하겠습니다.

재판이 끝난 뒤 이투덜 씨는 결국 자기 소행임을 털어놓았다. 하지만 김시비 씨는 나무 때문에 이투덜 씨와의 관계가 더 이상 나빠지는 것을 원치 않는다며 선처를 부탁했다. 그리고 이투덜 씨에게 나무 두 그루 가운데 키가 72센티미터인 나무를 선물로 주었고, 두 사람은 마을에서 가장 사이좋은 이웃이 되었다.

비례식

비례식의 안쪽에 있는 2개의 수를 '내항', 비례식의 바깥쪽에 있는 2개의 수를 '외항'이라고 한다.

3 : 4 — 3은 전항, 4는 후항 (전항과 후항을 합쳐 항)

3 : 4 = 6 : 8 — 3과 8은 외항, 4와 6은 내항

사라진 일꾼

사라져 버린 일꾼의 몫으로 며칠을 더 일해야 할까요?

김사장 씨에게는 금이야 옥이야 키워 온 딸이 있었다. 김사장 씨가 얼마나 딸을 사랑했는지, 딸이 태어난 날부터 지금까지 단 한 번도 딸과 떨어져 지낸 적이 없었다. 김사장 씨는 딸이 태어나던 날 산모보다 더 안절부절못했다. 자기가 드디어 아버지가 된다는 생각에 괜스레 감정이 복받쳐 올랐던 김사장 씨는 딸이 태어나기도 전에 벌써부터 감격의 눈물을 훔치고 있었다. 어찌나 눈물을 흘렸던지 정작 딸이 태어나는 그 순간을 제대로 지켜보지 못했을 정도였다.

"만세! 나도 아버지가 된다, 드디어. 건강하게만 태어나다오. 흑흑흑, 엉엉엉."

아버지의 모습이라기보다는 소풍 가기 전날 한껏 들뜬 아이 같은 모습이었다. 감격에 겨워 딸이 태어나던 그 순간을 처음부터 지켜보지 못했던 김사장 씨는 이때껏 그것이 마음에 걸렸다. 그래서인지 김사장 씨는 딸에 대한 사랑도 남달랐고, 그 정성도 하늘이 감동할 만했다.

젖 먹이는 것만 빼고는 엄마보다도 더 정성이었다. 심지어는 딸아이 기저귀 가는 것까지 도맡아 했다.

"여보, 이젠 내가 기저귀 좀 갈아 보면 안 되나?"

"무슨 쏘리! 당신은 그냥 편히 쉬라고. 사랑이는 내가 다 알아서 키울게."

"여보, 내가 사랑이 엄마거든. 그래도 명색이 애기 엄만데 기저귀는 한번 갈아 봐야 체면이 설 것 아냐."

"괜히 잘못 갈았다가 애 피부 다 망가지면 어쩌려고. 그니깐 걍 나한테 맡겨."

덕분에 아내 정사모 씨는 딸한테 빵점 엄마가 되어 갈 정도였다. 정사모 씨가 잠시나마 사랑이를 돌볼라치면 어느 틈에 김사장 씨가 나타나 잔소리부터 쏟아 냈다.

"여보, 애기 옷은 이렇게 발부터 넣는 거야."

"나도 다 알거든요. 당신이 옆에 딱 지켜 서 있으니까 잘 안 되는 것뿐이야."

김사장 씨는 육아만큼은 그 누구보다 뛰어났다. 상황이 이쯤 되자 사랑이도 엄마보다는 아빠를 더 잘 따랐다. 엄마가 안을라치면 금세 '앙' 하고 울음보를 터뜨리고는 숨넘어갈 듯 울어 대다가도 아빠 김사장 씨가 안아 주면 거짓말처럼 울음을 뚝 그치는 것이었다. 이러다 보니 육아는 완전 아빠 차지가 되어 버렸다.

"여보, 사랑이는 신경 쓰지 말고 당신 몸이나 잘 관리해."

"그래, 내가 신경 쓴다고 해서 사랑이가 날 더 잘 봐주는 것도 아니고……, 흥흥. 완전 서운하지만 당신이 애기를 나무랄 데 없이 잘 보니까 양보하는 거라고요."

"알아, 알아! 당신이 바다 같은 마음으로 이해해 줘서 내가 사랑이를 독차지한다는 거."

정사모 씨가 김사장 씨와 사랑이의 부녀 관계에 질투를 느끼지 않는 것은 아니었다. 하지만 김사장 씨가 워낙 전문적으로 사랑이를 잘 돌보고 있었기에 모두 이해하기로 했다. 심지어 사랑이가 태어나서 가장 먼저 한 말도 '아빠'였다.

"아……빠……."

"응? 우리 사랑이가 말을 했어? 우리 사랑이가? 다시 해 봐, 응! 아유, 예쁜 내 새끼!"

"아……빠……빠!"

"여보, 어서 이리 좀 와 봐! 사랑이가 말을 했어, 말을 했다고!!"

그 말에 정사모 씨가 놀라서 달려왔다.

"사랑아, 다시 해 봐!!"

"아~~빠~~."

"여보, 들었지? 사랑이가 아빠래, 흑흑."

정사모 씨도 사랑이가 처음으로 말을 한 것이 몹시 기뻤다.

"근데 왜 엄마란 말은 안 하는 거야! 서운하네."

사랑이는 여전히 아빠라는 말만 되풀이하고 있었다. 김사장 씨는 감격에 겨워 쉴 새 없이 눈물을 쏟아 냈고, 정사모 씨는 사랑이에게 엄마란 말을 가르치느라 진땀을 쏟아 냈다.

태어나기 전부터 지극한 사랑을 받았던 사랑이는 그보다 더한 사랑을 받으면서 무럭무럭 자랐다. 김사장 씨는 혹여나 딸아이 얼굴에 상처라도 날까 봐 어딜 가건 딸아이를 살피는 것이 습관이 되었다.

사랑이는 이처럼 지극 정성인 아빠 덕에 갖고 싶은 장난감은 모두 가질 수 있었다. 그래서 사랑이네 집에는 친구들이 자주 놀러 왔다. 사랑이네 집에는 없는 장난감이 없었으니까.

어느새 사랑이는 초등학생이 되었다. 아버지는 아침마다 차로 사랑이를 학교에 데려다 주고 수업이 끝나는 시간이면 또 집으로 데려왔다. 혹시나 다리에 근육이 뭉칠까 싶어 김사장 씨는 사랑이가 걸어야 할 때는 업고 다니기까지 했다.

"아빠, 애들이 다 나 부럽대."

"그래? 뭐가 그렇게 부럽대?"

"그게, 아빠가 나한테 너무 잘해 주는 게 참 부럽대요."

"우리 사랑이도 아빠한테 잘하잖니. 그러니까 아빠도 사랑이에게 정성을 다하는 거야."

"역시, 우리는 최고의 부녀지간인가 봐요, 아빠."

사랑이에 대한 김사장 씨의 사랑은 이미 온 동네가 짜하도록 다 아는 얘기였다. 사랑이는 아빠의 사랑에 보답하기 위해서라도 학교생활에 최선을 다했다. 아빠 김사장 씨가 사랑을 주는 만큼 사랑이는 곱게 커 주었다. 동네에서도 칭찬하지 않는 사람이 없었고, 학교에서도 물론이었다.

"아빠, 이번엔 전국 어린이 글짓기 대회에 나가요. 근데 대회가 좀 먼 데서 열려요. 데려다 주시면 좋겠는데……."

"우리 딸이 멀리 간다는데 당연히 이 아빠가 따라가야지."

이렇게 김사장 씨는 각종 대회에 따라다니는 것도 마다하지 않았다.

그렇게 예쁘게 자라던 사랑이는 곧 중학교에 들어갔고, 중학교에 들어가자 앳된 모습이 더 예뻐졌다. 사랑이는 얼굴뿐만 아니라 맘씨도 참 고운 아이로 자라고 있었다. 사람들은 그런 사랑이를 보며 모두들 한 마디씩 했다.

"역시 사랑을 받고 자라야 마음도 고와지나 봐."

"그러게, 사랑이 좀 봐. 얼굴만 아름다운 게 아니라 마음도 어찌나 고운지 말이야."

사랑이는 고등학교에 다닐 때까지도 부모님 속을 썩인 적이 없었다. 오히려 자기 잘되라고 항상 희생하시는 부모님에게 아무것도 해

드릴 수 없는 것을 안타까워했다.

"아빠, 엄마! 좀 더 크면 꼭 제가 받은 것 이상으로 효도할게요. 지금은 효도라고 할 수 있는 게 공부밖에 없어요."

어린 시절 아빠 손에서만 쭉 자라다시피 했지만, 사랑이에게는 아빠나 엄마나 똑같이 소중했다. 이런 사랑이의 마음만으로도 부모님은 흐뭇했다. 그리고 더더욱 사랑이에게 사랑과 정성을 쏟아 부었다.

학창 시절을 지나 드디어 사랑이도 고등학교를 졸업하게 되었다. 졸업식날 부모님은 꽃다발을 들고 와 사랑이의 졸업을 한없이 축하해 주었다.

"이제 우리 사랑이도 어른이구나. 아빠는 우리 사랑이가 어느새 고등학교를 졸업한다는 것이 믿기지가 않아. 여전히 어릴 때 그대로인데, 벌써 사랑이가 대학생이 된다니, 흑흑!"

"아버지, 뭐예요. 또 눈물 보이신다."

"당신은 참 눈물도 많아요. 이 좋은 날 또 눈물이라니, 호호호."

고등학교를 졸업한 사랑이는 원하던 대학에 입학하게 되었다. 대학 입학식에도 사랑이네 부모님은 빠지지 않고 참석했다.

대학생이 된 사랑이는 부모님과 함께하는 시간이 예전보다 줄어들게 되었다. 처음에는 김사장 씨도 서운해했지만, 사랑이의 말을 듣고 조금 양보하기로 했다.

"아빠, 이래 봬도 제가 대학생이잖아요. 이제 부모님 그늘에서 벗어날 준비를 하는 시기예요. 전 평생 부모님 것이지만요, 부모님과 떨어져서의 생활도 경험을 해 봐야 한다고요."

"그렇지만 사랑아, 세상이 너무 험해서 걱정이야."

"아빠, 전 아빠 딸이잖아요. 잘해 낼 거예요. 걱정 마세요."

이렇게 아빠 김사장 씨를 안심시키고 나서야 사랑이는 대학생으로서의 자유를 좀 더 맘 편히 누릴 수 있었다.

대학 생활도 잘해 낸 사랑이는 어느덧 결혼할 나이가 되었다. 나이가 차기 무섭게 여기저기서 좋은 맞선 자리가 들어왔다. 하지만 사랑이에게는 그 누구보다도 아빠 김사장 씨의 생각이 중요했다.

"저는요, 꼭 아빠 같은 사람 만날래요. 그러니까 아빠가 좋은 사람 소개시켜 주세요."

"녀석, 별말을 다 하는구나. 내가 서운해서 어떻게 널 시집 보내나 싶었는데, 벌써 가정을 꾸릴 나이가 되었구나."

그토록 아끼던 딸을 시집 보내야 하는 김사장 씨의 마음이 편치만은 않았다. 그래도 이왕 보낼 것 믿을 만한 사람에게 보내고 싶은 것이 김사장 씨의 마음이었다. 그래서 김사장 씨는 평소 아끼던 후배를 사랑이에게 소개시켜 주었고, 서로 취향이 잘 맞았던 두 사람은 결국 결혼까지 약속하게 되었다.

"사랑아, 시집 가면 지금까지와는 다른 생활이 펼쳐질 거야. 엄마랑 아빠랑 떨어져서 살아야 해."

"다른 건 다 좋은데 엄마, 아빠랑 떨어져서 사는 게 너무 슬퍼요."

"아빠도 그게 제일 서운하구나. 그래서 아빠가 우리 사랑이 집을 지어 주고 싶은데, 네 생각은 어떠니? 아빠가 만든 집에서 우리 가족 따뜻했던 온기 늘 간직하고 살라는 뜻에서 말이다."

"좋아요, 아빠. 세상에서 제일 멋진 결혼 선물이에요. 고맙습니다."

김사장 씨는 딸의 결혼 선물을 고민하다가 딸이 살 집을 손수 마련해 주기로 했다. 이렇게 마음먹은 김사장 씨는 당장 공사에 들어갔다. 설계에서부터 인테리어까지 어느 하나 김사장 씨의 손이 닿지 않은 곳이 없을 만큼 정성에 정성을 들이고 있었다. 설계를 모두 끝낸 김사장 씨는 일꾼들을 불러 건물 공사를 시작했다. 결혼하고 아이들이 들어오기 전까지 날짜를 맞추어야 했기에 김사장 씨는 20일 동안 일꾼 8명을 써서 건물을 완공하기로 했다.

"튼튼하게 잘 만들어 주시오. 그래야 우리 딸 신혼 살림살이를 들일 수 있으니까."

김사장 씨의 주문에 일꾼들은 두말없이 그렇게 하겠다고 약속했다. 그런데 이틀이 지나자 일꾼 두 사람이 사라져 버렸다. 이 사실을 안 김사장 씨는 노발대발했다.

"아니, 이게 어찌 된 일이오! 약속을 했으면 지켜야지. 이런 식으로 일하면 곤란하잖소. 두 사람이 없으니 며칠 더 일해서 건물을 완성해 주셔야겠어요."

"무슨 소리예요? 우린 이미 이틀 동안 일했잖아요. 그러니 이제 18일 남은 거라고요."

"생각을 해 보시오. 두 사람이 빠졌는데, 그 두 사람 몫의 노동은 어쩔 거란 말이요?"

이렇게 김사장 씨와 일꾼들은 한동안 옥신각신했다. 그러다가 일꾼들이 한발 물러서서 그럼 며칠을 일해야 하는지 물었다. 그런데 정작 김사장 씨 자신도 며칠을 일해야 하는지 알 수가 없었다. 그래서 김사장 씨는 이 문제를 수학법정에 의뢰하기로 했다.

일과 관련된 수학 문제는 전체 일의 양을 1로 두는 것을 습관화해야 합니다. 그래야 1명이 1일 동안 하는 일의 양을 계산할 수 있기 때문입니다.

여기는 수학법정

남아 있는 일꾼들은 며칠을 일해야 하나요?
수학법정에서 알아봅시다.

자, 재판을 시작합니다. 이번 사건은 원고와 피고가 없으니까 두 변호사의 의견을 듣는 것으로 하겠습니다. 먼저 수치 변호사 말씀하세요.

20일을 일하기로 했고, 2일 일했잖아요? 그럼 20 - 2 = 18이니까 18일 일하면 되는 거잖아요? 이렇게 쉬운 수학 문제도 못 푸나요? 이건 유치원 아이들도 풀 수 있는 수학이에요. 그렇지 않나요?

너무 간단하게 생각하는 거 아니오?

진리란 원래 간단한 곳에 있잖아요.

'간단한 곳' 이 아니라 '가까운 곳' 이겠지요.

흥, 그거나 그거나.

그럼 매쓰 변호사는요?

저는 일과 비율연구소의 나일비 박사를 참고인으로 요청하겠습니다.

얼굴이 16 : 9의 와이드 비전처럼 옆으로 퍼진 40대 남자가 증인석으로 들어왔다.

이번 사건에 대한 조사는 하셨지요?

물론입니다.

그럼 남은 일꾼들은 며칠 동안 일을 해야 하죠?

일과 관련된 수학 문제는 전체 일의 양을 1로 두는 것을 습관화해야 해요.

그건 왜죠?

그래야 1명이 1일에 하는 일의 양을 알 수 있으니까요.

구체적으로 설명해 주시죠.

네, 8명이 20일 걸려 완공할 수 있다고 했지요? 그럼 8명이 1일 동안 하는 일은 8명이 20일 동안 하는 일의 몇 분의 몇이죠?

$\frac{1}{20}$ 이죠.

좋아요. 이것이 바로 8명이 1일 동안 하는 일의 양이에요. 그럼 1명이 1일 동안에 일하는 양은 얼마죠?

이 값의 $\frac{1}{8}$ 이지요.

맞아요. 그러니까 $\frac{1}{20} \times \frac{1}{8} = \frac{1}{160}$ 이 바로 1명이 1일 동안에 하는 일의 양이에요. 즉 1명이 일한다면 160일이 걸린다는 뜻이지요.

그렇군요. 그럼 문제를 해결해 주시지요.

먼저 8명이 2일 동안 한 일의 양은 1명이 1일 동안 일한 양의 16배가 될 겁니다.

16은 어떻게 구한 거죠?

8(명)×2(일)입니다.

아, 그렇군요.

그러니까 2일 동안 일한 양은 $16 \times \frac{1}{160} = \frac{1}{10}$ 이 되지요. 그럼 남은 일의 양은 $1 - \frac{1}{10} = \frac{9}{10}$ 잖아요? 이 일을 남아 있는 6명이 하면 되지요. 이것은 $\frac{9}{10}$ 를 6으로 나누면 답이 나옵니다.

왜 나누지요?

예를 들어 6명이 먹어치워야 하는 만두가 600개가 있다고 해봐요. 그럼 1명이 먹어치워야 하는 만두는 몇 개죠?

100개죠.

100은 어디서 나왔죠?

600을 6으로 나눴지요.

바로 그겁니다. 그래서 6으로 나누는 거예요. 그러니까 6명이 남은 일을 마치려면 1명이 $\frac{9}{10} \div 6 = \frac{3}{20}$ 만큼 책임을 져야 합니다. 그런데 한 사람이 1일 동안 하는 일의 양은 얼마죠?

$\frac{1}{160}$ 이죠.

그러니까 걸리는 날수는 $\frac{3}{20} \div \frac{1}{160} = 24$(일)이지요.

왜 또 나눈 거죠?

예를 들어 보죠. 아까 1명이 해치워야 하는 만두가 100개라고 했지요? 그런데 1명이 1일 동안 먹을 수 있는 만두가 20개라면 며칠 동안 만두를 먹어야 하죠?

5일이죠.

5는 100을 20으로 나눈 거잖아요? 똑같은 논리예요.

그렇군요. 분수라서 잠시 헷갈렸어요. 재판장님, 명확하죠?

그렇군요. 그럼 남아 있는 일꾼들이 24일 동안 일을 해서 건물을 완공해 주는 것으로 판결하겠습니다. 물론 사라진 일꾼들의 일당은 남은 6사람이 나누어 가지면 되겠지요. 그럼 됐지요?

분수와 소수의 역사

분수는 이집트인이 기원전 1800년경에 처음으로 사용했으며, 물건을 나누는 개념으로 활용했다. 소수는 1584년에 네덜란드의 수학자 스테빈(Simon Stevin)이 처음으로 발표했다.
소수와 분수는 모두 0과 1 사이 수를 나타낼 수 있다는 공통점이 있다. 그러나 분수가 나눗셈을 함에 따라 생겨난 반면, 소수는 나눗셈보다는 물건의 길이를 재거나 양을 구하는 과정에서 생겨났다.

임금을 공평하게 나누는 방법

일하는 속도가 다른 두 사람이 받은 임금은 어떻게 나눌까요?

김갑부 씨는 한때 꽤 잘나가던 사업가였다. 그의 집에는 웬만해선 보기 힘들다는 가구들은 물론, 희귀한 장식품들도 많았다.

김갑부 씨는 땅 장사를 했는데, 부동산법이 바뀌기 전까지만 해도 땅을 굴리고 굴려서 남긴 이익이 어마어마했다. 땅으로 이익을 본 사람이라 그런지 집도 으리으리했다. 집이 어찌나 넓은지 끝이 보이지 않을 정도였다.

이런 김갑부 씨에게는 자식이 셋 있었다. 김갑부 씨는 유달리 자식 욕심이 많았다. 그래서 자식을 다섯까지 두고 싶어했지만, 아내 김쪼잔 씨가 다섯은 무리라고 딱 잘라 말하는 통에 대꾸 한 마디 못 해 보고 물러섰던 것이다.

"여보, 난 자식이 많은 게 좋아. 이 험한 세상 살아가는데 형제자매만큼 힘이 되는 것도 없다고."

"셋이라도 충분히 힘이 된다고요! 당신이 애 한번 낳아 보고 그런 소릴 하든가. 이젠 나이 들어서 더는 못 낳는다고."

번번이 아내에게 야단을 들으면서도 김갑부 씨는 자식 욕심을 버리지 못했다.

한편 사업가로서 김갑부 씨의 능력은 탁월했다. 어느 시점에 투자를 하고 빠져야 하는지 본능적으로 알았다. 그래서 맨몸으로 사업에 뛰어들었는데도 어느 순간 손꼽히는 부자가 되어 있었다. 그런 성공 신화 덕에 김갑부 씨에게 강연을 부탁하는 곳도 많아졌다.

"저는 무일푼으로 시작했습니다. 그렇지만 저는 좌절하지 않았습니다. 포기하지 않았습니다. 희망이 없다고 생각할 때 희망을 잡을 수 있는 용기가 저에게 부를 가져다주는 힘이었습니다."

성공한 사람의 실제 이야기라 그런지, 강연을 들은 사람들은 김갑부 씨에게 박수갈채를 보냈다.

부자 아버지를 둔 김갑부 씨 아이들은 한없이 유복한 생활을 누렸다. 갖고 싶은 것은 쉽게 가질 수 있었고, 때로는 자기들이 미처 바라지 않았는데도 신기한 물건들을 많이 얻기도 했다. 김갑부 씨의 잦은 해외 출장 덕에 아이들 셋 역시 해외 출입이 잦았다.

"해외로 눈을 돌릴 때입니다. 한국은 땅이 너무 좁아요. 외국에다 땅을 좀 사 두시는 것이 좋을 듯합니다."

어느 날 김갑부 씨에게 투자 전략가가 찾아와 넌지시 귀띔해 주었다. 신중하기 그지없는 김갑부 씨는 신중에 신중을 기하고 있었다. 하지만 이번 투자는 왠지 위험을 무릅쓰고라도 해 보고 싶었다.

"분명, 장점만 있지는 않을 텐데⋯⋯ 그런데 왜 이렇게 마음이 끌리는지 모르겠어."

"이번에는 당신답지 않게 왜 더 골똘히 생각하지 않아요? 신중함 빼면 시체인 사람이 말이야."

"그러게. 내가 선뜻 대답하진 않았지만, 듣는 순간 이거 돈 좀 되겠다 싶은 삘이 막 오더라고."

평소와는 다른 남편의 모습에 김쪼잔 씨는 신중하라고 다시 한 번 당부했다. 하지만 결국 김갑부 씨는 해외 투자에 손을 댔다.

"왠지 삘이 좋아! 사업 경력 20년의 본능적인 감각을 믿어 보는 거야."

김갑부 씨는 점점 해외 투자에 빠져들고 있었다. 이번 사업에도 확신이 있었던 김갑부 씨는 혹시나 하는 의심은 눈곱만큼도 해 보지 않았다. 그런데 마른하늘에 날벼락 같은 일이 일어났다. 김갑부 씨에게 해외 투자를 권했던 그 사람이 악명 높은 사기꾼이었던 것이다.

"뭐라고? 내 해외 투자가 전부 가짜였다고?"

"안타깝게도 그 사람이 유명한 사기꾼이랍니다. 그런데 신분을 위장해서 사장님께 접근한 거라더군요."

"그, 그럴 리가 없어! 내 사업적 육감이 그렇게 엉터리일 리가 없다고!"

"인정하기 어려우시겠지만, 지금이라도 챙길 수 있는 자본금은 챙겨 두시는 것이 좋겠습니다."

"어, 어, 그, 그럴, 리가……."

하루 아침에 알거지가 될 처지에 놓인 김갑부 씨의 충격은 상상을 넘어서는 것이었다. 김갑부 씨는 뻣뻣해져 오는 목덜미를 잡고 휘청거리며 서 있었다. 김갑부 씨가 정신을 챙길 겨를도 없이 소식을 들은 다른 투자자들이 김갑부 씨 회사를 덮쳤다.

"당신 이름만 믿고 투자했는데, 이럴 수 있어?"

"당신 말이야. 투자가라 이름만 높았지, 사기꾼 아냐?"

여기저기서 김갑부 씨를 독촉하는 소리가 하늘을 찔렀다. 사람들을 피해 간신히 몸을 숨긴 김갑부 씨는 가족들에게 긴급히 연락을 했다.

"여보, 상황이 좀 어려워졌어. 얼른 애들 데리고 집에서 나와. 곧 투자자들이 들이닥칠 거야."

"거봐요! 해외 투자가 잘못된 거죠? 내가 어째 이상하다 했어. 이제 어떻게 해요!!"

당황한 아내도 어찌할 바를 몰랐다.

어찌 되었든 일단 다섯 가족은 도망치다시피 집을 빠져 나왔다. 궁궐 같은 집에서 살던 사람들이 하루 아침에 집을 잃고 갈 곳조차 없었다. 다섯 가족은 투자 실패의 충격에서 헤어나지 못한 채 한동안 멍하니 하늘만 바라보고 있었다. 부자가 되기 전 어려운 시절을 겪어 보았던 김갑부 씨는 다섯 가족이 머물 곳이 필요하다고 생각했다. 우여곡절 끝에 판자촌에서도 제일 허름한 집이나마 구하게 되었다.

"아빠, 집이 이게 뭐야?"

"아빠, 여긴 우리 다섯 사람 다리 뻗기도 힘들겠어. 나 집에 갈래."

"아빠, 우리 오늘 일일 체험하러 온 거야?"

아이들의 말에 김갑부 씨는 뭐라 할 말이 없었다.

"이제부터 아빠가 하는 말을 잘 들으렴. 아빠가 이번에 난생처음으로 아주 큰 실수를 했어. 그래서 궁궐 같은 집도, 삐까뻔쩍한 차도 이젠 없어. 우리가 조금 가난해졌다고 생각하면 쉽겠구나."

"그럼 이제 여기서 사는 거야?"

"이런 창고 같은 데서 어떻게 살아?"

아이들을 바라보던 김갑부 씨의 눈에서 눈물이 하염없이 흘렀다. 평생 처음 아버지의 눈물을 본 아이들은 '뭔가 큰일이 났구나'라고 아련하게 짐작만 할 뿐이었다. 이렇게 다섯 가족은 조금씩 가난을 받아들이기 시작했다.

하지만 여기서 무너질 수는 없었다. 무엇보다 아이들을 먹여 살려야 했다.

"여보, 마음은 쓰리지만 어서 훌훌 털고 일을 찾아 나서야겠어. 아이들을 생각해야지. 당장 내일 먹을거리도 없으니깐."

"그래요, 여보. 우리가 여기서 무너질 순 없어요. 옛날처럼 부자가 되는 것은 하늘에 맡기더라도, 밥은 굶지 말아야지."

"이해해 줘서 고마워. 막노동이라도 해야겠어. 애들 학교도 보내야 하고."

이렇게 해서 김갑부 씨는 슬퍼할 새도 없이 당장 힘든 막일에 나서게 되었다. 하지만 나이가 있었던 터라 생각보다 일거리가 많지 않았다. 새벽같이 일거리를 찾아 나섰지만 허탕을 칠 때가 더 많았다.

"에효, 생각보다 일거리가 없네. 내일 당장 밥 지을 쌀이 없는데 어쩌나……."

차마 아이들과 아내 앞에서 눈물을 보일 수 없었던 김갑부 씨는 주린 배를 끌어안으며 이렇게 된 자기 신세를 한탄했다.

이 모습을 옆에서 지켜보고 있던 실직자가 말했다.

"처음엔 다 그래요. 살다 보면 큰 시련이 닥치기도 하더라고요. 이 시기를 어떻게 극복해 내느냐가 지혜인 것 같더라고요."

실직자의 위로에 김갑부 씨의 눈물은 더욱 세차게 흘러내렸다. 이런 상황에 도무지 어떻게 대처해야 하는지 몰랐던 김갑부 씨에게 실직자는 많은 것을 일러 주었다.

"아침도 못 드셨죠? 저기 가면 무료 배식하는 데가 있어요. 우리 같은 사람들은 저런 곳을 잘 알아 둬야 배를 안 굶는다고요."

김갑부 씨는 실직자를 따라 주린 배부터 채우러 갔다. 무료 배식에는 뜻밖에 사람들이 많이 몰려들었다. 예전 같으면 이런 무료 배식을 보고는 거리가 지저분해진다고 불평이나 했을 텐데…… 김갑부 씨는 이렇게 거리로 내몰린 사람들이 죄다 능력이 없어서라고 생각했던 자신이 어리석었음을 깨달았다. 배가 고프니, 이보다 더 맛있는 음식은 세상에 또 없을 거란 생각으로 김갑부 씨는 허겁지겁 밥을 먹고 있었다.

"오늘 아침에 갔던 거긴 젊은 사람들이 많아서 우리 같은 중년은 써 주지도 않아요."

"아, 그래서 며칠을 나가도 허탕만 쳤던 거군요."

"그렇죠. 이 바닥도 정보가 생명이에요. 우리가 갈 만한 곳은 저 시장 건너예요. 거긴 여기보단 좀 나은 편이거든요."

실직자는 김갑부 씨에게 도움이 될 만한 말을 많이 들려주었다. 김갑부 씨는 막막한 와중에 그렇게 도움이 되는 말을 해 주는 실직자가 고마워서 눈물이 날 지경이었다.

"나도 첨엔 참 막막했어요. 그런데 이렇게 막노동 자리라도 알아보지 않으면 당장 끼니가 해결이 안 되니깐, 살려면 나서야겠더라고요."

실직자의 말에 김갑부 씨는 완전 공감하고 있었다. 실직자는 김갑부 씨를 보자 자기 옛 모습이 떠올랐는지 앞으로는 함께 일자리를 알아보자고 했다. 그날 두 사람은 그렇게 헤어지며 다음 날 같은 곳에서 만나기로 약속했다.

"여보, 오늘 일자리를 잃은 어떤 분을 만났는데, 도움이 되는 이야기를 참 많이 들었어. 내일부터는 아무래도 좀 희망이 생길 것 같아."

김갑부 씨의 아내 김쪼잔 씨도 일자리를 구하러 다니느라 정신이 없었다. 쪼잔 씨 역시 자기가 살던 세상과는 너무 다른 세상에 놀라고 있는 중이었다. 하지만 남편이 조금이나마 힘을 추스르는 모습에 위안을 얻었다.

"그래, 여보. 우린 애들이 있으니깐 애들 봐서라도 좀 더 열심히 해 보자."

이렇게 그날 밤 다시 희망을 이야기하며 다섯 가족은 잠이 들었다.

다음 날 새벽, 김갑부 씨는 실직자와 약속한 곳으로 나갔다. 실직자가 말한 대로 시장 쪽에는 일자리가 훨씬 많았다. 원래 그날 일자리를 구하려면 30분 정도 기다리는 건 예사였다. 하지만 시장 쪽에서는 금방 일자리를 구할 수 있었다. 게다가 운 좋게도 꽤 오래 할 수 있는 일이었다. 김갑부 씨와 실직자는 같은 작업장에서 며칠을 일하게 되었다.

그날 두 사람에게 주어진 일은 실직자가 혼자 하면 10일 걸리는 양이었고, 김갑부 씨가 혼자 하면 20일 걸리는 양이었다. 업자는 두 사람이 일을 마무리해 주면 2만 달란을 주겠다고 했다.

일에 익숙한 실직자가 5일을 먼저 일하고, 김갑부 씨가 그 뒤를 이어 4일을 일한 다음, 두 사람이 함께 며칠 일을 해 맡은 일을 모두 끝냈다. 그런데 2만 달란을 받은 두 사람은 서로 얼마씩 나누어 가져야 할지 난감했다.

"저기, 우리가 얼마씩 나누어야 하는 거죠?"

"그러게요. 얼마씩 가져야 공평할지……?"

"우리 실력으로는 계산하기 어려울 것 같아요. 이 문제를 수학법정에 의뢰하기로 합시다."

이렇게 해서 두 사람은 수학법정을 찾았다.

두 사람이 일하는 속도가 서로 다르면 1일 동안
하는 일의 양도 다릅니다.

김갑부 씨와 실직자는 일당을 어떻게 나누어야 공정할까요?

수학법정에서 알아봅시다.

재판을 시작합니다. 수치 변호사, 의견을 말씀하세요.

뭘 복잡하게 따지고 그래요? 그냥 둘이 똑같이 1만 달란씩 나누어 가지면 간단하잖아요. 난 수학적으로 분배하는 사람들 보면 이해를 못하겠어요.

이봐요, 수치 변호사. 여긴 수학법정이에요. 수학적으로 결론을 내리는 곳이란 말이에요.

뭐 내가 하고 싶어서 수학 변호사가 됐나요? 아버지 빽으로 그냥 일하는 거뿐이에요.

나 원, 할 말이 없군! 그럼 매쓰 변호사의 의견을 듣도록 하겠습니다.

수학분배연구소의 나누리 박사를 증인으로 요청합니다.

모든 걸 나누어 가질 것처럼 미소가 온화한 50대 남자가 증인석으로 천천히 걸어왔다.

어떤 문제인지 파악하고 계시죠?

네, 자료를 검토했습니다.

어떻게 공정하게 나누는 방법을 알아내셨나요?

물론입니다.

그럼 설명해 주시죠.

김갑부 씨 혼자서 하면 20일 걸리는 일이고, 실직자 혼자서 하면 10일 걸리는 일입니다. 두 사람이 일하는 속도가 다르지요. 그러니 당연히 두 사람이 1일 동안 하는 일의 양도 다릅니다.

어떻게 다르죠?

전체 일의 양을 1이라고 두면 김갑부 씨가 1일에 일하는 양은 1을 20으로 나눈 $\frac{1}{20}$ 이 됩니다. 그리고 실직자가 1일에 일하는 양은 $\frac{1}{10}$ 이 됩니다.

실직자가 더 많이 일하는군요.

네, 두 배로 일을 많이 하는 거죠.

그럼 어떻게 계산하지요?

두 사람이 동시에 일한 날짜를 모릅니다. 그래서 일단 두 사람이 동시에 일한 날수를 x라고 하면 두 사람이 함께 1일에 일하는 양은 $(\frac{1}{10}+\frac{1}{20})$이므로 두 사람이 x일 동안 한 일의 양은 $(\frac{1}{10}+\frac{1}{20})\times x$가 됩니다.

복잡해지는군요.

아니, 간단해요. 그럼 실직자가 5일 일한 양은 $\frac{1}{10}\times 5$가 되고 김갑부 씨가 4일 일한 양은 $4\times\frac{1}{20}$ 이 되지요? 모든 일의 양의 합이 전체 일의 양인 1이 되어야 하죠. 그러므로 수식은 다음과 같이 나타낼 수 있습니다.

$(\frac{1}{10} \times 5) + (4 \times \frac{1}{20}) + \{(\frac{1}{10} + \frac{1}{20})\} \times x = 1$

이 식에서 x를 구하면 2가 됩니다. 그러므로 실직자는 7일을 일한 셈이고, 김갑부 씨는 6일을 일한 셈이 되지요. 그럼 실직자가 7일 동안 일한 양은 $7 \times \frac{1}{10}$ 이 되고, 김갑부 씨가 6일 동안 일한 양은 $6 \times \frac{1}{20}$ 이 되지요. 그러므로 두 사람이 일한 양의 비는 $7 \times \frac{1}{10} : 6 \times \frac{1}{20}$ 이 됩니다. 비는 각 항에 같은 수를 곱해도 달라지지 않으니까 전체에 20을 곱하면 14 : 6이 되는 겁니다.

그럼 임금을 어떻게 나누죠?

2만 달란을 14 : 6으로 나누면 됩니다. 그러니까 실직자가 받아야 할 임금은 $20000 \times \frac{14}{14+6} = 14000$(달란)이고 김갑부 씨가 받을 임금은 $20000 \times \frac{6}{14+6} = 6000$(달란)이 됩니다.

수학의 힘이 정말 위대하군요.

나도 그렇게 생각해요. 그럼 김갑부 씨는 6000달란, 실직자는 1만 4000달란을 받는 것으로 판결하겠습니다. 이상으로 마치겠습니다.

비의 전항과 후항

비의 전항과 후항에 0이 아닌 같은 수를 곱해도 비의 값은 같고, 또한 비의 전항과 후항을 0이 아닌 같은 수로 나누어도 비의 값은 같다.

수학성적 끌어올리기

비의 뜻

어떤 양이 다른 양의 몇 배인가로 두 양을 비교하는 것을 '비' 라고 합니다. 예를 들어 보죠. 여학생 2명과 남학생 2명이 있어요. 여기서 전체 학생에 대한 여학생의 비를 구해 봅시다. 전체 학생은 몇 명인가요? 4명이지요? 이 때 여학생의 수는 '비교하는 양' 이라 하고, 전체 학생 수는 '기준량' 이라 합니다. 그러니까 전체 학생에 대한 여학생의 비는 2 : 4 가 되지요. 즉, 비교하는 양을 앞에 쓰고, 그 다음에 ' : ' 를 쓰고, 그 다음에 기준량을 쓰면 됩니다.

비의 값은 뭘까요? 기준량을 1로 둘 때 비교하는 양을 나타내는 수를 '비의 값' 이라고 해요. 전체 학생 수는 4명이고 여학생은 2명인데, 전체 학생 수를 1로 두면 여학생 수는 그것의 절반이니까 $\frac{1}{2}$ 이 되지요? 그게 바로 전체 학생 수에 대한 여학생 수의 비의 값입니다.

아래 그림에서 전체에 대한 색칠한 부분의 비의 값을 구해 보죠.

전체는 10개이고 어두운 부분은 4개이므로 $\frac{4}{10}$입니다. 그러므로 구하는 비의 값은 약분해서 $\frac{2}{5}$ 입니다.

비례식

비의 값이 같은 두 비를 등식으로 나타낸 식을 '비례식'이라고 합니다. 이해가 잘 안 되지요? 예를 들어 볼까요? 1 : 2의 비의 값은 $\frac{1}{2}$이죠? 2 : 4의 비의 값은 $\frac{2}{4}$이죠? 약분하면 $\frac{1}{2}$이잖아요? 그러니까 1 : 2의 비의 값과 2 : 4의 비의 값은 같습니다. 이럴 때 두 식을 등식으로 놓으면, 1 : 2 = 2 : 4가 되는데, 이것을 '비례식'이라고 하는 것입니다.

비례식에서는 각 항에 같은 수를 곱해도 비의 값이 달라지지 않습니다. 즉 1 : 2의 각 항에 3을 곱하면 3 : 6이므로, 1 : 2 = 3 : 6이 되지요.

예를 들어 $\frac{1}{2} : \frac{2}{3}$를 간단하게 만들어 볼까요? 2, 3의 최소공배수는 6입니다. 그럼 각 항에 최소공배수를 곱해도 비의 값이 달라지지 않잖아요. 그러므로 $\frac{1}{2} : \frac{2}{3}$ = 3 : 4가 되는 것입니다.

퍼센트 비율

기준량을 100으로 놓을 때 비교하는 양을 나타낸 수를 '퍼센트'라고 불러요. 예를 들어 검은 구슬 2개와 흰 구슬 3개가 있다고 할 때 검은 구슬의 비는 얼마일까요? 2 : 5가 되는군요. 퍼센트 비율은 기준량이 100이 될 때 비교하는 양을 나타내므로 2 : 5 = □ :

100에서 □를 구하면 됩니다. 5에서 100으로 변할 때 몇 배가 되었나요? 20배가 되었습니다. 그러니까 □는 2의 20배인 40이 되는 거예요. 이것을 '40%' 라고 쓰고, '40퍼센트' 라고 읽습니다.

할, 푼, 리

비의 값을 소수로 나타낼 때 소수 첫째 자리를 '할', 둘째 자리를 '푼', 셋째 자리를 '리' 라고 불러요. 예를 들어 8개의 구슬 중에서 1개만 검은 구슬일 때 검은 구슬의 비의 값은 얼마죠? $\frac{1}{8}$이군요. 이것을 소수로 고치면 0.125이고, '1할 2푼 5리' 라고 읽습니다.

다음 문제를 볼까요?

어제는 붕어빵 15개를 9000원에 팔았고, 오늘은 20개를 9000원에 팔았습니다. 오늘은 어제에 비해 몇 퍼센트 싸게 팔았을까요?

어제는 1개에 9000÷15 = 600(원)에 팔았던 셈입니다. 그리고 오늘은 1개에 9000÷20 = 450(원)에 팔았지요. 그러므로 오늘 150원 싸게 팔았는데, 이를 어제 정가를 기준으로 따져 보면 150 : 600 = □ : 100에서 □는 25이므로 25퍼센트를 싸게 팔았다는 이야기입니다.

타율

야구에서 타율을 구할 때 기준량은 타석수 중에서 포볼이나 데드볼을 받은 경우를 제외한 수로 하는데, 이를 '타수'라고 부릅니다. 즉 타율이란 타수를 기준량으로 하고, 안타의 수를 비교하는 양으로 해서 할, 푼, 리로 나타낸 것입니다. 예를 들어 어떤 타자가 타석에 다섯 번 나와 한 번은 포볼로 걸어 나가고 1개의 안타와 3번의 삼진을 당했다면 이 사람의 타석수는 5이고 타수는 4가 됩니다. 그러므로 이 선수의 타율은 1을 4로 나눈 0.25가 되며, 이를 타율 2할 5푼이라고 말합니다.

제2장

정비례에 관한 사건

느리게 가는 시계 – 고장난 시계로 시간 맞추기

정비례 ① – 댐의 물이 넘쳐요!

정비례 ② – 지름이 두 배인 수도꼭지

고장난 시계로 시간 맞추기

느리게 가는 시계로 정확한 시간을 알 수 있을까요?

학습 출판사를 경영하는 바뿌니 씨는 항상 시간에 쫓기며 살아간다.

"김 작가, 이 원고는 이번 주말까지 꼭 끝내 줘야 해. 그래야 내가 편집에 들어갈 수 있어."

"송 작가, 이 원고는 좀 짧은 것 같아. 살붙임을 해야겠는걸."

바뿌니 씨는 하루 종일 원고와 씨름하는 것은 물론, 출판업계 사람들과의 약속도 적지 않았다. 그가 주로 하는 일은 전국의 초등학교를 혼자 돌아다니면서 새로 나온 참고서를 홍보하는 것이었다. 재미있게 홍보를 해서 학생들에게 좋은 책을 소개하는 게 그의 역할이었다. 사정이 이렇다 보니 하루에도 여러 도시를 돌아다녀야 할 정도로 많은 약속이 잡히기도 했다.

이번에는 한 달 동안 과학공화국 곳곳에 있는 초등학교를 하나도 빠뜨리지 않고 찾아다니면서 계약할 사람들을 만나 보기로 했다.

바뿌니 씨는 빠듯하게 계획을 세웠던 초등학교의 90퍼센트 정도를 모두 돌았다. 이제는 로직시티에 있는 초등학교 10군데만 남은 상태였다.

'아, 로직시티 학교들만 방문하면 이제 한숨 돌리겠구나.'

거의 모든 일을 성공적으로 마무리해 나가고 있던 바뿌니 씨는 마지막 방문지란 생각에 몸도 마음도 가벼웠다. 그는 로직시티의 조그만 호텔에 가서 숙소부터 잡았다. 피곤에 지친 바뿌니 씨는 방으로 올라가 서둘러 잘 준비를 하고는 종업원을 불렀다. 약속이 내일 아침 6시라 시계가 필요했던 것이다.

"시계는 어디에 있죠?"

바뿌니 씨가 시계를 찾자 종업원이 시계를 가져왔다.

"여기 있습니다. 하지만 한 시간에 5분 정도씩 느리게 갑니다. 지금이 저녁 6시니까 일단 6시로 맞춰 놓겠습니다."

종업원은 이렇게 말하고는 시간을 6시에 맞추어 주었다. 피곤했던 바뿌니 씨는 종업원에게서 시계를 건네받고는 금세 잠이 들었다.

다음 날 아침, 바뿌니 씨는 눈을 뜨자마자 시계를 보았다. 시계는 5시 30분을 가리키고 있었다.

'한 시간에 5분 정도 늦게 간다니까 아직 실제 시간은 6시를 넘지 않았을 거야.'

바뿌니 씨는 천천히 채비를 하고는 여유 있게 약속 장소로 나갔다. 하지만 학교 관계자는 약속한 시간보다 늦게 나타났다며 이렇게 믿음이 없는 사람과는 계약을 할 수 없다고 했다.

"그럴 리가 없어요. 저는 제 시간에 왔습니다."

"약속은 믿음입니다. 첫 만남에서부터 이렇게 믿음을 저버리는 사람이라면 계약을 할 수 없어요."

바뿌니 씨는 억울해 하며 시계를 보았다. 정말로 시간은 이미 많이 지나 있었다.

'계약을 모두 완벽하게 끝내고 싶었는데 이게 뭐야. 이러면 앞으로의 이미지도 좋지 않을 텐데.'

바뿌니 씨는 그동안의 노력이 모두 물거품이 될 것만 같아 가슴이 아팠다. 게다가 약속을 잘 지키지 않는다는 소문이 돌까 봐 무척 걱정스러웠다. 자기 의지와는 상관없이 약속을 지키지 못하게 된 바뿌니 씨는 이 모든 것이 느리게 가는 시계 때문이라고 생각했다. 그래서 그는 '느리게 하는 시계 제공'이라는 이유를 들어 호텔 측을 수학법정에 고소했다.

일정한 비율로 느려지는 고장난 시계는 정비례를
이용하면 정확한 시간을 예측할 수 있습니다.

여기는 수학법정

느리게 가는 시계로 정확한 시간을 아는 방법이 있을까요?

수학법정에서 알아봅시다.

자, 재판을 시작하겠습니다. 먼저 원고 측 변론해 주세요.

아니, 요즘 세상에 시간도 맞지 않는 시계를 놓고 손님을 맞이하는 호텔이 어디 있습니까? 그야말로 성의 부족 아닙니까? 그리고 명색이 호텔인데 손님에게 모닝콜 서비스 정도는 해 줘야지, 안 그래요? 그런 의미에서 이 호텔은 더 이상 호텔의 기능을 하지 못하므로 호텔이 아닌 여관으로 강등시킬 것을 주장합니다.

에효! 피고 측 변론하세요.

저는 시계의 수학을 연구하고 있는 시계수학연구소 소장 이재깍 박사를 증인으로 요청합니다.

딱 부러지게 똘똘해 보이는 남자 증인석에 앉았다.

증인이 하는 일이 무엇인지 설명해 주시겠습니까?

저는 시계와 관련된 정비례 문제를 연구하고 있습니다.

정비례라는 게 뭐죠?

2개의 양이 있는데, 1개의 양이 1배, 2배, 3배…… 이런 식으로 커지면 다른 양도 1배, 2배, 3배……로 커지는 것을 정비례라고 부릅니다.

어떤 예가 있지요?

에…… 비디오 1개를 빌리면 얼마죠?

1000원이요.

2개를 빌리면?

2000원이요.

3개를 빌리면?

3000원이요.

그러니까 이때 비디오의 개수와 빌리는 값 사이에는 정비례가 성립하지요.

그럼 시계 문제가 정비례와 관계가 있나요?

물론입니다.

어째서죠.

한 시간에 5분 느리게 가면 두 시간에는 몇 분 느리게 가죠?

10분이요.

그럼 세 시간에는요 ?

15분이요.

그러니까 정확한 시간과 늦어진 시간 사이에는 정비례 관계가 성립합니다. 만일 정확한 시계가 12시간 흘러 아침 6시라면 5분씩 느리게 가는 시계는 12×5 = 60(분) 느리게 가니까 5시를 가리키겠지요. 따라서 바뿌니 씨가 일어났을 때 방의 시계가 5시 30분을 가리키고 있었다면 정확한 시계로 이미 6시가 넘은 상태이므로 바뿌니 씨는 어떤 방법을 써도 6시 약속을 지키지 못하지요.

결국 바뿌니 씨의 늦잠에 책임이 있군요.

그런 셈이지요.

재판장님, 결론 났지요? 그럼 판결 부탁드립니다.

고장난 시계를 방에 비치해 두는 것은 호텔의 부주의라고 할 수 있지만, 그 문제는 수학법정에서 논의할 사항이 아닙니다. 한 시간에 5분 느리게 가는 것처럼 일정한 비율로 느려지는 고장난 시계는 정비례를 이용해 정확한 시간을 예측할 수 있으므로 이번 사건에 대해 수학적으로는 호텔 측에 책임이 없다고 판결합니다.

정비례

함께 변화하는 수에 있어서, 한쪽이 2배, 3배……로 증가하면, 다른 한쪽도 2배, 3배……로 증가할 때, 이 두 양은 비례 또는 정비례하는 것이다. 일정한 속도로 달리는 기차의 속도와 주행거리가 정비례의 예라고 할 수 있다.

댐의 물이 넘쳐요!

수문을 몇 개 열어야 댐이 넘치지 않을까요?

과학공화국에서는 수해를 막으려고 댐을 세웠다. 이 댐에 물이 고여 지니양이라는 커다란 인공 호수가 생겼다. 평소 비가 오지 않고 물난리가 없을 때 지니양은 더없이 좋은 관광지였다. 하지만 비가 오거나 할 때는 경치를 따질 겨를이 없을 만큼 물을 조절하기에 바빴다.

완소 데이트 코스로 사랑받던 지니양 호수였지만, 최근 기록적인 강우 때문에 사람들은 바짝 긴장하고 있었다. 특히 그 주변 주민들은 지니양의 물이 넘쳐 마을을 덮칠지 모른다는 불안감에 노심초사했다.

"이렇게 비가 많이 오는데, 지니양 댐의 물이 넘쳐흘러 마을을 덮치면 우리 마을은 물에 완전 잠겨 버릴 거야."

"수문을 제때 열어서 피해가 없도록 해야 할 텐데 큰일이네."

"그나저나 하늘에 구멍이 난 것도 아니고 무슨 비가 이렇게 퍼붓는다니."

마을 사람들은 저마다 한 마디씩 걱정을 늘어놓았다.

지니양 댐에는 수문이 두 개 있었다. 수문을 한 개 열면 다섯 시간에 100만 톤의 물을 흘려 보낼 수 있었다.

기록적인 폭우로 두 시간에 60만 톤의 비율로 댐에 물이 고이기 시작했다. 사태가 심각하다고 생각한 수문 관리자가 소장에게 전화를 걸었다.

"수문을 두 개 다 열어야 하지 않을까요?"

"아니! 아직 그럴 정도는 아니야. 하나만 열어."

"그래도 비가 이렇게 많이 쏟아지는데 자칫하다간 마을이 물에 잠길 수도 있어요."

"우선 한쪽 문만 열래도! 이 정도 비로 댐이 넘치진 않아. 10년 전 폭우 때도 끄떡없었다고."

소장은 이렇게 전화를 끊고는 무책임하게 퇴근을 해 버렸다. 걱정스럽긴 했지만, 소장의 허락 없이는 수문을 마음대로 열 수 없는 관리자는 결국 수문을 하나만 열었다. 그런데 이상하게도 댐에 물이 줄기는커녕 점점 더 고이기 시작했다. 그러더니 금세 위험 수위를 넘어 홍수 수위에 가까워졌다.

"이걸 어쩌지? 이러다간 마을이 물에 잠길 텐데."

안절부절못하던 수문 관리자는 다시 수화기를 들었다.

"고객님이 전화를 받을 수 없어……."

열 번을 걸어도 똑같은 메시지만 흘러나올 뿐 소장과는 통화를 할 수가 없었다. 소장의 결정이 없으면 수문을 열 수 없는 체제라 관리자는 갑갑하고 초조한 마음으로 발만 동동 구를 뿐이었다. 결국 수문 한 개로 억수같이 퍼붓는 비를 견뎌 내야 하는 것이었다. 댐의 수위는 점점 높아져만 갔다. 급기야 댐이 넘쳐흘러 마을로 엄청난 물이 흘러 들어가고 있었다. 걱정했던 대로 마을이 모두 물에 잠기는 초대형 물난리가 일어났다. 난데없이 물난리를 만난 주민들의 원성이 자자했다.

"이게 무슨 일이야? 지금까지 이렇게 큰 물난리가 난 적은 없었는데."

"물에 잠겨 버린 집들을 어쩜 좋아."

집이 물에 잠겨 버린 주민들은 말 그대로 넋이 나간 상태였다.

물난리가 어느 정도 수습된 뒤, 수문을 한 개만 열었기 때문에 댐이 넘친 것이라는 소식이 전해졌다. 이 사실을 안 주민들은 모든 책임이 댐 소장에게 있다며 그를 수학법정에 고소했다.

정비례의 원리를 이용해 한 시간에 댐에 물이 얼마나 고이는지,
수문을 열면 한 시간에 물이 얼마나 방류되는지
따져 보아야 합니다.

수문을 통해 방류되는 양이 적었는데,
그렇다면 수문을 몇 개 열어야 할까요?
수학법정에서 알아봅시다.

재판을 시작합니다. 먼저 피고 측 변론하세요.

수문을 1개 열어야 할지, 2개 모두 열어야 할지 판단하는 것은 소장 고유 권한입니다. 그리고 그건 오랜 홍수 조절 경험을 통해 얻은 노하우로 판단하는 것이지, 무슨 수학과 관련이 있다고 소장에게 책임을 묻습니까? 난 정말 이해를 할 수가 없습니다. 무조건 소장의 무죄를 주장하겠습니다.

원고 측 변론하세요.

정비례연구소의 정일정 박사를 증인으로 요청합니다.

40대의 점잖은 사내가 일정한 걸음으로 증인석으로 걸어가 단정하게 앉았다.

증인은 정비례의 권위자시지요?

사람들이 그렇게 말하더군요.

이번 사건에 대해 어떻게 생각하십니까?

이런 문제는 1시간에 물이 얼마나 고이는지, 또 수문을 열었을 때 1시간에 물이 얼마나 방류되는지를 따지면 간단하게 해결할 수 있습니다.

그게 무슨 말이죠?

이번 폭우에는 2시간에 60만 톤이 고였다고 했으니까 정비례의 원리에 따라 1시간에 30만 톤이 댐에 고이게 됩니다.

그렇군요.

그리고 수문을 1개 열었을 때 5시간에 100만 톤의 물이 방류되므로 1시간에는 20만 톤이 방류됩니다. 즉 고이는 물은 1시간에 30만 톤이고, 수문을 1개 열어 빠져 나가는 물은 1시간에 20만 톤이므로 10만 톤의 물이 댐에 남게 됩니다. 그러면 댐의 수위가 점점 높아져 결국 홍수가 나게 되지요.

그럼 수문을 2개 다 열면 어떻게 될까요?

수문 1개에서 1시간에 물 20만 톤이 방류되니까 수문 2개를 모두 열면 1시간에 40만 톤이 흘러 나가게 됩니다. 그러면 흘러 나가는 물의 양이 더 많으므로 결국 댐의 수위는 점점 내려가게 되어 물이 댐 밖으로 넘칠 위험은 없지요.

답변 감사합니다. 존경하는 재판장님, 증인의 말처럼 정비례를 이용하면 수문을 2개 다 열어야 할지, 1개만 열어야 할지 간단하게 알 수 있는 문제였습니다. 그런데도 소장은 그런 방법은 생각지도 않고 내리는 비의 양을 대충 따져 보고는 수문을 1개만 열라고 지시했습니다. 그러므로 이번 물난리에 대한 책임은 소장에게 있다고 주장합니다.

원고 측 주장에 동의합니다. 그리고 조사를 통해 소장이 급히 퇴근한 뒤 연락이 되지 않았던 것이 비가 오지 않는 다른 지역에서 골프를 쳤기 때문이라는 사실을 밝혀 냈습니다. 자기가 관리하는 마을에 물난리가 날지도 모르는 급박한 상황에서 다른 도시에 가서 놀 생각을 하다니! 이건 수학법정이든 일반 법정이든 절대로 용서할 수 없는 행동입니다. 그러므로 정비례를 이용해 열어야 하는 수문의 개수를 제대로 헤아리지 못한 죄는 수학법정에서 묻고, 위기 시 근무지 이탈 부분에 대한 죄는 일반 법정에서 물어 가중 처벌하도록 조치하겠습니다.

지름이 두 배인 수도꼭지

원의 지름이 중요할까요? 넓이가 중요할까요?

맑으미 목욕탕은 한 번 들어갔다 나오면 피로가 싹 풀리는 목욕탕으로 유명했다. 그 목욕탕에 안 가 본 사람이 없을 정도로 유명세는 정말로 대단했다.

그 까닭을 파헤쳐 보니, 맑으미 목욕탕에서 사용하는 물은 다른 목욕탕에서 사용하는 물과는 차원이 달랐다. 일반 수돗물이 아닌 천연 약수를 사용해 온몸의 독소를 쏙 빼 주므로 피로가 말끔히 풀렸던 것이다.

"역시 맑으미 목욕탕이 최고야! 어제까지 몸이 찌뿌듯했는데 맑으미 목욕탕에서 목욕을 했더니 날아갈 것 같아."

"너도 그래? 나도 어제 허리를 삐끗해서 맑으미에 다녀왔더니 금세 괜찮아지데."

몸이 아픈 사람이든 피곤한 사람이든, 모두 맑으미 목욕탕 덕을 톡톡히 보고 있었다. 맑으미 목욕탕을 다녀간 사람치고 칭찬하지 않는 사람이 없었다.

사정이 이러하니, 맑으미 목욕탕 사장에게 천연 약수는 그 무엇보다 중요한 것이었다. 맑으미 목욕탕 사장은 천연 약수를 대 주는 회사에 2만 달란을 주고 날마다 한 시간 동안 욕탕에 약수를 가득 채웠다.

"물 넘치지 않게 제대로 넣어 주세요. 여기 들인 돈이 얼만데……."

천연 약수에 큰돈을 투자한 맑으미 목욕탕 사장은 약수 공급에 있어서만큼은 언제나 신경을 곤두세웠다.

그러던 어느 날 그동안 약수를 공급하던 회사가 부도가 나 버렸다. 그 바람에 맑으미 목욕탕에서는 새로운 회사를 선정해 약수 탕을 채워야 했다.

"이거 참 야단났네…… 우리 목욕탕은 약수가 생명인데, 어디 괜찮은 회사 없을까?"

"한 군데 있긴 한데요."

"그래? 나도 추천받은 곳이 있긴 한데, 이왕 이렇게 된 거 여러 사람한테 물어 보고 이번엔 탄탄한 회사를 고르려고 말이지."

"나추럴 씨라고, 천연 약수 회사를 운영하고 있는데 제법 괜찮다고 들었어요."

맑으미 목욕탕 사장은 여기저기 수소문한 끝에 나추럴 씨가 운영하는 천연 약수 회사가 괜찮다는 이야기를 듣게 되었다. 목욕탕 사장은 곧장 나추럴 씨를 찾아갔다.

"우리 욕탕에 약수를 채워 주세요."

"전에 물을 채워 준 회사의 호스 지름은 얼마였죠?"

"10센티미터였어요."

"가만, 우리는 제일 작은 것이 20센티미턴데요."

"그럼 호스의 지름의 비가 1 : 2니까 한 시간의 절반인 30분만 채우면 탕에 천연 약수가 가득 찰 테니 30분에 2만 달란으로 계약합시다."

"좋습니다."

나추럴 씨는 맑으미 목욕탕 사장의 제안을 흔쾌히 받아들였다.

다음 날 새벽부터 나추럴 씨는 천연 약수 차를 보내 날마다 30분씩 욕탕에 약수를 채웠는데, 물이 항상 넘쳐흘러 아까운 약수가 하수도로 흘러 들어갔다.

"가만가만! 물이 더 많이 들어가는 거 같은데. 목욕탕 사장이 나를 속이고 있는 거 아니야?"

나추럴 씨는 뭔가 이상한 생각이 들어 맑으미 목욕탕 사장을 수학법정에 고소했다.

호스의 단면은 원이므로 원의 넓이를 구하는 공식
(반지름×반지름×3. 14)을 이용해야 합니다.

여기는 수학법정

호스 지름의 비와 나오는 물의 비는 어떤 관계가 있을까요?
수학법정에서 알아봅시다.

재판을 시작합니다. 피고 측 변론부터 듣겠습니다.

지름이 2배라면 호스가 2배로 굵다는 거잖아요? 그럼 거기서 나오는 물의 양은 2배가 되지요. 그런데 물을 채울 욕탕의 크기는 같으니까 욕탕을 채우는 데 걸리는 시간이 절반으로 줄어드는 게 맞잖아요? 그러므로 맑으미 목욕탕 사장은 정상적인 계약을 했다는 것이 저의 주장입니다.

원고 측 변론하세요.

호스의 굵기와 물의 양에 대한 연구를 많이 해 온 이호스 박사를 증인으로 요청합니다.

목이 가느다란 30대 여자가 호스를 손에 들고 증인석으로 향했다.

증인이 하는 일은 뭐죠?

호스에서 나오는 물의 양을 연구합니다.

호스는 대개 원기둥 모양이지요?

그렇습니다.

그럼 단면의 모양이 원이니까 지름만 가지고 나오는 물의 양을 비교할 수 있는 거 아닌가요?

그렇지 않습니다. 지금 이 사건을 보면 호스의 지름이 2배가 되었으므로 지름의 비는 1 : 2가 됩니다. 그럼 반지름의 비는 얼마죠?

반지름은 지름의 반이니까 똑같이 1 : 2지요.

그렇다면 나오는 물의 양의 비는 1 : 4가 됩니다.

엥? 4는 갑자기 어디서 툭 튀어나온 겁니까?

제가 조사를 해 본 결과, 나추럴 씨나 예전에 맑으미 목욕탕에 약수를 공급했던 회사나 수도꼭지에서 물이 나오는 속력은 같았습니다. 그러면 같은 시간 동안 나오는 물의 양은 호스의 단면의 넓이에 정비례합니다. 그런데 반지름의 비가 1 : 2면 두 호스의 단면의 넓이의 비는 $1^2 : 2^2$이 되므로 1 : 4입니다.

아하! 그래서 4가 나온 거군요. 그럼 같은 시간 동안 나추럴 씨의 호스로는 예전 회사보다 4배의 양이 나오는 거예요. 따라서 전에 한 시간에 탕을 가득 채웠다면 나추럴 씨의 호스로는 한 시간의 $\frac{1}{4}$인 15분 만에 욕탕을 가득 채울 수 있겠군요.

그렇습니다.

존경하는 재판장님, 증인의 설명처럼 나추럴 씨는 15분 만에 탕을 가득 채우고서 쓸데없이 15분 동안 물을 모두 흘려 버려야 했습니다. 그러므로 맑으미 목욕탕 사장에게 책임이 있다고 주장합니다.

자, 판결하겠습니다. 이번 사건을 통해 호스는 구멍의 지름이 아니라 넓이가 더 중요하다는 사실을 알게 되었습니다. 15분이면 욕탕을 채울 수 있었는데 맑으미 목욕탕 사장이 30분이라고 잘못 판단한 점이 인정됩니다. 그러므로 그동안 나추럴 씨가 입은 손해에 대해 맑으미 목욕탕 사장이 모두 변상을 해야 합니다. 그리고 앞으로는 15분만 물을 받도록 하세요.

원의 넓이

호스의 단면은 원이므로 원의 넓이를 구하는 공식을 이용해야 한다. 원의 넓이를 구하는 공식은 반지름×반지름×3.14이므로, 이전에 물을 공급하던 회사의 호스 단면의 넓이는 1× 1× 3.14이고 나추럴 씨의 호수의 단면의 넓이는 2×2×3.14이다.

비는 0이 아닌 같은 수로 나누어도 무방하므로 3.14로 나누면 이들의 비는 1 : 2^2이 된다.

정비례 이야기

2개의 양이 있는데, 1개의 양이 1배, 2배, 3배……로 변하면 다른 양도 1배, 2배, 3배……로 변할 때 2개의 양은 정비례한다고 말합니다.

예를 들어 떡볶이 1개에 100원이라고 하면, 2개는 200원이고 3개는 300원이지요?

이것을 정리하면 다음과 같습니다.

100원 = 100×1

200원 = 100×2

300원 = 100×3

이것을 표로 만들어 봅시다.

떡볶이 개수(개)	1	2	3
떡볶이 값(원)	100	200	300

그러니까 떡볶이 개수가 1배, 2배, 3배……로 변하면 떡볶이 값도 1배, 2배, 3배……로 변하잖아요? 이때 떡볶이 개수와 떡볶이 값은 정비례한다고 말하는 거예요.

예를 들어 삼각형에서 높이가 일정할 때 밑변의 길이와 넓이는 정비례 관계랍니다. 삼각형의 넓이는 밑변의 길이와 높이의 곱을 2로 나눈 값인데, 높이가 일정하므로 삼각형의 넓이는 밑변의 길이에 정비례하지요.

또 다른 예를 들어 보겠습니다.

수도꼭지 2개를 틀어 욕조에 물을 받고 있어요. 두 수도꼭지 구멍의 지름의 비가 1 : 2일 때 두 수도꼭지에서 나오는 물의 양의 비는 얼마가 될까요?

언뜻 생각하면 1 : 2 같지요? 하지만 수도꼭지에서 나오는 물의 양은 수도꼭지 구멍의 넓이에 정비례하지요. 그런데 지름의 비가 1 : 2면 구멍의 넓이의 비는 1 : 4랍니다. 따라서 수도꼭지에서 나오는 물의 양의 비는 1 : 4가 됩니다.

또 다른 예를 살펴볼까요?

조그만 원판 둘레에 인주를 묻히고 원판을 종이 위에 굴려 봅시다. 원판이 굴러가면서 종이에는 직선이 그려질 거예요. 원판의 지름을 2센티미터라고 하면 종이에 그려진 직선의 길이는 25.12센티미터라고 합시다.

직선을 그리는 동안 원판이 몇 바퀴 굴렀을까요? 이 문제도 정비례를 이용하면 쉽게 풀 수 있습니다. 지름이 2센티미터인 원판 둘레의 길이를 구하면 지름×3.14 = 6.28센티미터입니다. 그러므로 이 원판이 한 바퀴 구를 때 6.28센티미터의 직선이 그려집니다.

따라서 원판이 많이 구를수록 긴 직선이 그려집니다. 이때 원판이 두 바퀴 구르면 한 바퀴 굴렀을 때보다 2배가 긴 직선이 생겨나지요. 그러므로 원판의 회전 수와 직선의 길이 사이에는 정비례 관계가 성립합니다.

자, 그럼 이제 원판의 회전수와 직선의 길이 사이의 관계를 알아볼까요?

원판의 회전 수(회)	직선의 길이(센티미터)
1	6.28×1
2	6.28×2
3	6.28×3
4	6.28×4

이 값을 계산하면 다음과 같습니다.

원판의 회전 수(회)	직선의 길이(센티미터)
1	6.28
2	12.56
3	18.84
4	25.12

직선의 길이가 25.12센티미터라면 원판이 네 바퀴 회전한 것이라는 사실을 알 수 있습니다. 이 때 원판의 회전수를 x라고 하고 직

선의 길이를 y라고 하면, $y = 6.28 \times x$가 됩니다. 이때 6.28을 정비례의 '비례상수'라고 부릅니다.

제3장

반비례에 관한 사건

반비례의 뜻 ① – 인원이 너무 많아요!

반비례의 뜻 ② – 수요와 공급의 원리

반비례의 활용 – 너무 깊어진 물

인원이 너무 많아요!

인원이 늘어나면 수입이 줄어들까요?

"울트라스~! 울트라스~!"

"까악~~!오빠, 완전 보고 싶었어요!"

"아악~~! 오빠 넘 잘생겼어요. 완소남이야."

울트라스는 얼짱 아이돌 스타들로 구성된 인기 댄스 그룹이다. 울트라스가 나타나면 100미터 밖에서도 사람들이 몰려들곤 했다. 10명의 멤버로 이루어진 울트라스는 CM기획사와의 계약에서 음반 판매에 따른 인세를 받기로 했다. 구체적인 계약 내용은 울트라스가 음반 가격의 10퍼센트를 인세로 받아 멤버 모두가 똑같이 나누어 갖는다는 것이었다. 음반 한 장의 가격이 1만 달란이므로 한

장이 팔렸을 때 멤버 한 명에게 돌아가는 수익은 100달란인 셈이었다.

그러던 어느 날 CM기획의 이크먼 사장이 울트라스의 리더 나르르 군을 불렀다.

"나르르! 아무래도 멤버를 좀 더 보강해야겠어. 소녀 팬들이 울트라스를 굉장히 좋아해서 말이야."

"몇 명이나요?"

"한 100명쯤? 그리고 그룹 이름도 '슈퍼 울트라스'라고 바꾸는 게 어떨까?"

"허거덩! 90명을 더요? 그 많은 멤버를 어디서 구하려고요?"

"그거야 쉽지. 요즘 길거리에서 춤추는 아이들이 어디 한둘이야. 길거리 캐스팅하면 금방 구할 수 있어."

이크먼 사장과 나르르의 면담은 이렇게 끝났다.

계획대로 이크먼 사장은 얼짱 소년 90명을 보강해 얼마 뒤 100명으로 이루어진 초대형 댄스 그룹 슈퍼 울트라스를 공개했다.

"100명이 되어 돌아온 슈퍼 울트라스!"

"비밀리에 진행되어 왔던 슈퍼 울트라스의 야심찬 새 음반 드디어 공개."

언론사들은 앞다투어 슈퍼 울트라스의 새로운 등장을 홍보하고 나섰고, 울트라스 멤버들은 또다시 언론의 조명을 받게 되었다. 이번에도 대박이 난 것이었다.

"역시 울트라스! 100명의 멤버에 힘입어 이번 음반도 빅 히트."

각 연예 신문마다 1면을 장식할 정도로 음반은 정말 성공적으로 팔려 나갔다. 인세에 대한 멤버들의 기대도 커져 가고 있었다.

몇 달 뒤 드디어 음반 판매에 따른 인세가 각 멤버들에게 지급되었다. 하지만 도저히 설명이 안 될 만큼 액수가 작았다.

"이건 말도 안 돼. 이 돈 받고는 가수 생활 못하겠어."

"지난번에 받았던 금액의 반도 안 되잖아."

"그러게 100명은 무리였다고. 사장님 욕심이 너무 컸던 거야."

"이대로 있을 순 없어!"

초창기 멤버들은 몹시 화가 나서는 이대로 당하고 있을 수만은 없다고 마음먹었다. 결국 나르르를 비롯한 원래 울트라스 멤버들은 자기들의 수입이 줄어든 것은 이크먼 사장이 인원을 지나치게 많이 늘렸기 때문이라며 사장을 수학법정에 고소했다.

함께 변화하는 두 양이 있을 때, 한쪽 양을 2배, 3배……로 늘리면 그 양에 대응하는 다른 쪽 양이 $\frac{1}{2}$배, $\frac{1}{3}$배……로 줄어들게 되는 것이 반비례입니다.

여기는 수학법정

인원이 늘어나면 수입이 줄어들까요?
수학법정에서 알아봅시다.

재판을 시작합니다. 먼저 피고 측 변론하세요.

얼짱이 많아지면 그에 비례해서 소녀 팬들도 많아지잖아요? 즉 처음 10명일 때보다는 100명일 때 팬이 10배 더 생긴다고 하면 그 비율만큼 음반 판매량도 많아져서 수입은 별로 달라지지 않을 텐데요? 내가 알고 있는 수학 상식으로는 정비례의 개념을 도입해야 할 것 같은데……. 그러므로 100명이 되어 음반 판매를 10배의 높이지 못했다면 이는 멤버들의 책임이지, 이크먼 사장의 책임은 아니라는 것이 저의 주장입니다.

원고 측 변론하세요.

여러 명이 함께 노래를 부르는 그룹의 경우, 수입과 관련해 끊임없이 의견 충돌이 있어 왔습니다. 인원 10명도 많은데 100명이라니요? 도대체 그런 말도 안 되는 발상이 어디서 나왔는지 모르겠네요.

매쓰 변호사! 수학적으로 변론하세요.

알겠습니다. 일단 그룹의 인원이 늘어난다고 해서 음반 판매량이 반드시 그에 비례하여 늘어난다는 규칙은 없습니다. 제가 조사해 본 결과, 슈퍼 울트라스의 음반 판매량은 울트라스의 음반 판매량과 별 차이가 없었습니다. 그런데 그룹의 인원은 늘어났으니 반비례에 따라 1인당 수입이 줄어든 것이지요.

반비례? 그게 뭐죠?

만두가 12개 있다고 해 보죠. 한 사람이 있다면 몇 개 먹을 수 있나요?

12개 전부 먹을 수 있지요.

두 사람이면 몇 개씩 먹죠?

6개.

세 사람이면?

4개.

네 사람이 먹으면요?

3개.

바로 이겁니다. 만두의 개수는 일정한데 먹는 사람의 수가 늘어나 한 사람이 먹는 만두의 개수가 줄어드는 거, 이게 반비례입니다. 수학적으로 좀 더 정확하게 설명하면, 2개의 양이 있는데 1개의 양이 1배, 2배, 3배로 늘어날 때 다른 양은 1배, $\frac{1}{2}$배, $\frac{1}{3}$배로 줄어들면 2개의 양은 반비례의 관계에 있다고 말하지요.

정비례와 반대인 것 같군요.

네, 그래서 반비례지요.

좋아요. 판결하겠습니다. 최근 음반 기획사들이 우후죽순으로 생겨나고 있는 데다 음악성보다는 얼짱 등 상업성을 이용해 멤버들의 수입보다 기획사 사장의 수입 올리기에 급급한 기획사들도 많아지고 있습니다. 이번 사건도 그런 견지에서 해석해야 할 것입니다. 멤버가 10배로 늘어나든 줄어들든 기획사 사장의 수입은 크게 달라지지 않지만 각 멤버들의 수입은 반비례의 원리에 따라 $\frac{1}{10}$로 줄어들 수 있습니다. 이런 방법으로 멤버의 수를 늘리는 것은 사장 개인의 욕심이라고밖에 생각할 수 없습니다. 제대로 된 시장조사 없이 멤버를 10배로 늘린 이크먼 사장은 그룹의 원래 멤버들에게 10명이 일할 때 받은 수입을 지불해야 합니다.

반비례

x, y 사이에 x의 값이 2배, 3배, 4배로 될 때, y의 값이 $\frac{1}{2}$, $\frac{1}{3}$, $\frac{1}{4}$이 되면 y는 x에 반비례한다고 한다.

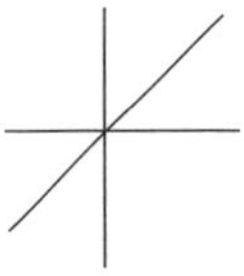

$f(x)=ax(a>0)$

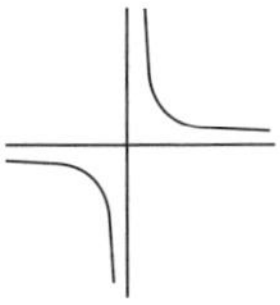

$f(x)=\frac{a}{x}\ (a>0)$

수요와 공급의 원리

수요와 공급에는 어떤 법칙이 있을까요?

실업자 아심만 씨는 얼마 전부터 매형 집에 얹혀산다. 매형인 이대발 씨는 대야물산 사장으로, 사업적으로 어느 정도 자리를 잡은 상태였다.

"매형, 이번 '내 손으로 곰 인형 사업' 아이템은 완전 성공할 거예요. 저를 믿고 한 번만 더 밀어주세요."

"그래? 정말 신중하게 생각한 거야? 그렇다면 사업 설명서를 구체적으로 써서 가져와 봐."

이런 식으로 매형 이대발 씨는 번번이 아심만 씨의 사업 자금을 대 주었다. 하지만 아이템이 아무리 좋아도 아심만 씨는 손대는 사업마다 실패하고 말았다.

'이건 처남이 사업에 소질이 없거나, 사업을 게을리하거나 둘 중 하나가 틀림없어. 그러지 않고서야 투자하는 족족 이렇게 망할 수는 없지.'

야심만 씨를 더 이상 믿을 수 없었던 이대발 씨는 다시는 처남에게 사업 자금을 대 주지 않기로 마음먹었다.

하지만 야심만 씨는 작은 일자리라도 하나 해 달라고 누나를 들들 볶아 댔다.

"여보, 당신 동생은 이제 믿을 수가 없다니까."

"이번이 정말 마지막이에요."

마음 약한 누나가 남편 이대발 씨에게 간곡히 부탁했다.

이대발 씨는 아내의 부탁을 차마 끝까지 거절하지 못하고 야심만 씨에게 회사에 있는 커피 자판기 10대의 운영권을 넘겨주었다.

"와우! 거기 직원이 몇 명인데……."

야심만 씨는 뛸 듯이 기뻐했다. 그러곤 마치 굉장한 부자라도 된 것처럼 자판기 관리인을 고용해 날마다 커피를 채우고 돈을 걷어 오게 했다.

자판기 관리인 소심해 씨가 첫날 걷어 온 돈은 놀랍게도 100만 달란이나 되었다.

"가만! 지금 커피 한 잔에 100달란이니까 그걸 200달란으로 올리면 내일 수입은 200만 달란이 되겠네? 흐흐흐."

이런 궁리를 하던 야심만 씨는 다음 날 당장 커피 값을 200달란으로 올렸다. 그런데 야심만 씨의 계산과는 달리 그날 수입은 100만 달란뿐이었다.

"당신이 빼돌렸지?"

야심만 씨가 의심스런 눈초리로 소심해 씨를 다그쳤다.

"무슨 말씀이에요! 전 시키는 대로 일했을 뿐이라고요."

"당신이 중간에서 가로채지 않았다면 어제와 수입이 똑같을 리 없잖아."

"동전 하나까지 깡그리 긁어 왔거든요. 10달란짜리 한 개도 갖지 않았다고요."

소심해 씨는 울먹이며 결백을 주장했다.

"말도 안 돼! 그럼 100만 달란은 어디로 사라진 거야?"

"저는 정말 몰라요."

두 사람의 밀고 당기는 말싸움은 한참 동안 계속되었다. 두 사람은 몇 시간을 옥신각신하다가 분을 이기지 못한 야심만 씨가 결국 소심해 씨를 횡령죄로 수학법정에 고소하기에 이르렀다.

어떤 물건의 가격이 오르면 사람들은 그 물건을 잘 사지 않고,
반대로 가격이 내리면 사람들은 쉽게 물건을 사게 됩니다.
즉 수요와 가격 사이에 반비례 관계가 성립하는 것입니다.

여기는 수학법정

커피 값을 두 배로 올리면 커피 판매량은 어떻게 될까요?
수학법정에서 알아봅시다.

재판을 시작합니다. 먼저 원고 측 변론하세요.

커피 값을 2배로 올려 받았으니 수입도 당연히 2배로 늘어야지요! 아무튼 요즘 사람들 삥땅이 너무 심한 것 같아. 재판장님, 더 이상 재판을 계속할 이유 있나요? 소심해 씨가 삥땅으로 빼돌린 100만 달란을 야심만 씨에게 되돌려 주면 간단히 끝납니다.

피고 측 변론을 들어 봅시다.

재판장님, 경제수학연구소의 김경제 박사를 증인으로 요청합니다.

검은색 양복에 파란색 넥타이를 맨 40대 남자가 증인석으로 걸어왔다.

증인이 하는 일은 뭐죠?

경제와 관련된 수학을 연구하고 있습니다.

그럼 이번 사건이 경제와 관련이 있다고 생각하십니까?

우리 연구소의 연구로는 그렇습니다.

좀 구체적으로 말씀해 주시겠습니까?

이런 걸 수요와 공급의 원리라고 부르지요.

점점 어려워지는군요.

수요란 소비자가 물건을 사는 것을 말하고, 공급이란 생산자가 물건을 내놓는 것을 말합니다. 즉 이 사건에서 야심만 씨는 공급자이고 커피는 공급된 물품이지요. 그리고 소비자는 자판기를 이용하는 대야물산의 직원들입니다.

수요와 공급 사이에 어떤 관계가 있다는 말씀인가요?

그렇습니다. 수요량과 공급량은 서로 반비례의 관계입니다. 다시 말해 사려는 사람은 많은데 팔려는 사람이 적으면 가격이 올라가고, 반대로 사려는 사람은 적은데 팔려는 사람이 많으면 가격이 내려가지요.

하지만 이번 사건에서 팔려는 사람은 야심만 씨 하나뿐이지 않습니까?

물론 그렇습니다. 이번 사건 같은 경우는 수요와 가격 사이의 관계를 따져 봐야 합니다. 가격이 오르면 사람들은 돈을 아끼려고 그 물품을 잘 사지 않게 되고, 반대로 가격이 내리면 사람들은 쉽게 물건을 사게 됩니다. 즉 수요와 가격 사이에 반비례 관계가 성립한다는 뜻이지요. 커피 값이 100달란일 때 1만 잔이 팔렸다고 해서 커피 값이 200달란으로 2배 올랐을 때에도 똑같이 1만 잔이 팔린다고 볼 수는 없습니다. 일반적인 이론에 따르면, 반비례를 적용해 5000잔쯤 팔린다고 예측할 수 있어요. 따라서 커피 값이 100달란일 때 1만 잔이 팔린 경우나, 커피 값이 200달란일 때 5000잔이 팔린 경우나 공급자인 야심만 씨가 벌어들이는 돈은 달라지지 않습니다. 똑같이 100만 달란이지요.

그럼 소심해 씨가 빼돌린 것이 아닐 수 있다는 말씀이군요.

그렇습니다.

존경하는 재판장님, 야심만 씨는 확실한 근거도 없이 소심해 씨에게 횡령 혐의를 씌웠습니다. 그러므로 야심만 씨에게 누명에 따른 명예훼손죄를 적용할 것을 주장합니다.

판결하겠습니다. 실생활에서 이루어지는 간단한 경제 활동 속에 이렇게 심오한 수학 이론이 깔려 있다는 것을 알고 놀랐습니다. '지나친 욕심은 화를 부른다'라는 말은 이런 경우에 써야 할 것 같습니다. 현대인들은 야심만 씨처럼 어떻게든 돈만 많이 벌면 된다는 생각을 많이 하는데, 이는 반드시 고쳐야 할 나쁜 생각입니다. 그러므로 다음과 같이 판결합니다. 앞으로 야심만 씨는 대야물산 자판기 커피는

수요의 법칙

'수요'는 소비자가 물건을 사고 싶은 욕구를 의미하고, 소비자가 사고자 하는 구체적인 수치를 '수요량'이라 한다. '수요량'을 결정하는 데 가장 큰 영향을 미치는 요인은 가격이다. 예를 들어 어느 물건의 가격이 올라가면 수요량은 줄어들고, 반대로 가격이 내려가면 수요량은 늘어나게 된다. 결국 가격과 수요량의 관계는 반비례한다고 볼 수 있으며, 이를 '수요의 법칙'이라 한다.

한 잔 값을 1만 달란 이하로 정할 수 없습니다.

재판이 끝난 뒤 대야물산의 자판기에는 커피 한 잔에 1만 달란이라는 경이로운 가격표가 붙었다. 물론 그런 거액을 내고 커피를 마시려는 사람은 아무도 없었다. 결국 야심만 씨는 자기 잘못을 뉘우쳤다. 그는 자판기 운영권을 매형에게 돌려주고 대야물산의 경비원으로 열심히 일하며 살기로 결심했다.

너무 깊어진 물

바닥의 넓이와 물 깊이로 물의 부피를 구할 수 있을까요?

"이번에 수영장이 새로 하나 생긴다는데, 초울트라 특급형이라더라."

"삐까뻔쩍하겠네? 수영장이 생기는 것만으로도 감사한데 초울트라 특급형이면 짱인데."

과학공화국 라디오시티에 새 수영장이 들어선다는 소식을 전해 들은 사람들은 마냥 들떠 있었다.

어차피 만들 거, 독특하면서도 실용적인 수영장으로 설계해 보자는 취지로 만든 수영장은 깊이가 3미터인 풀과 깊이가 60센티미터인 어린이 전용 풀이 서로 칸막이를 사이에 두고 붙어 있었다.

한쪽은 어른들을 위해 깊은 수영장으로 만들고, 한쪽은 키가 작은 어린이들을 위해 깊지 않은 수영장으로 만든 것이었다.

하지만 신기하게도 이 두 개의 풀에 들어가는 물의 양은 정확히 똑같았다. 그러므로 수심이 깊은 풀은 바닥이 좁아 주로 다이빙용으로 사용되었고, 수심이 얕은 풀은 바닥이 넓어 어린이들을 많이 수용할 수 있었다.

"역시 사람은 머리를 써야 해. 이렇게 높이를 다르게 해 놓으니 아이들도 마음놓고 수영할 수 있고 얼마나 좋아."

"얘, 너 그거 알아? 여기 물 들어가는 양은 같대. 신기하지?"

"어쩜 그럴 수가 있지? 내 생각엔 수심이 깊은 여기가 물의 양이 더 많을 것 같은데."

"그치? 나도 그렇게 생각했는데 물의 양이 똑같다니 진짜 놀랍더라."

수영장에 놀러 온 사람들은 저마다 한 마디씩 했다. 어린이를 데리고 온 어른들은 아이들을 수심이 낮은 풀에서 놀게 하고 자기들은 수심이 깊은 풀에서 다이빙을 즐겼다.

그러던 어느 날, 김다이 씨가 아이들을 데리고 이 수영장을 찾았다.

"우후~, 오랜만에 몸 좀 풀어 볼까? 그래도 내가 처녀 적에는 한몸매 했는데 말이야."

김다이 씨는 모처럼의 외출에 한껏 부풀어 비키니까지 챙겨 온

터였다. 수영복으로 갈아입은 김다이 씨는 아이들 손을 잡고 수영장으로 들어섰다.

김다이 씨는 다이빙 풀로 향하며 아이들에게 말했다.

"얘들아, 물이 얕긴 하지만 그래도 조심해서 놀아. 알찌?"

"응, 엄마. 엄마도 너무 심하게 놀지 말고 조심해."

이렇게 김다이 씨는 아이들에게 주의를 주고는 수영을 하느라 정신이 없었다.

그런데 얼마 뒤 전혀 예상하지 못했던 사고가 일어났다. 두 풀을 막고 있던 칸막이에 구멍이 뚫려 버렸던 것이다. 수심이 깊은 풀의 물이 수심이 낮은 풀로 흘러들고 있었다. 놀란 어린이들은 비명을 질러 대며 이리저리 뛰어다녔다. 그야말로 전쟁터가 따로 없었다.

구조대가 급히 달려왔지만, 이 사고로 김다이 씨의 막내아들은 이미 물을 너무 많이 마셔서 병원에 입원하게 되었다.

"도대체 안전 관리를 어떻게 하는 거예욧! 하마터면 애들이 하마가 될 뻔했잖아요! 아무리 생각해도 그냥 넘어갈 문제가 아니네요."

놀란 아이들 생각에 괘씸한 마음이 좀처럼 가시지 않았던 김다이 씨는 수영장을 수학법정에 고소했다.

바닥의 넓이와 물의 깊이를 곱하면
물의 부피를 구할 수 있습니다.

여기는 수학법정

칸막이가 사라진 뒤 두 풀의 물 높이는 어떻게 되었을까요?

수학법정에서 알아봅시다.

재판을 시작합니다. 먼저 피고 측 변론하세요.

수영장 칸막이가 고장이 나기도 하고 그러는 거지요. 그리고 칸막이가 빠진다고 어린이 풀의 수심이 많이 깊어지지는 않을 텐데요. 왜냐고요? 어린이 풀은 넓고 다이빙 풀은 좁잖아요? 그러니까 물이 깊어져 봤자 살짝 깊어지는 정도인데, 아이들이 지레 겁을 먹은 건 아닐까요?

그건 두고 봅시다. 그럼 원고 측 변론하세요.

반비례연구소의 반대로 박사를 증인으로 요청합니다.

옷 단추를 다른 남자들과는 반대로 끼운 어리바리한 30대 남자가 증인석에 앉았다.

증인은 반비례를 연구하고 계시지요?

당근이죠.

근데 이번 사건이 반비례와 무슨 관계가 있지요?

관계가 있고말고요. 두 풀의 물의 양이 일정하기 때문이지요.

그게 무슨 뜻이죠?

물의 양이란 물의 부피를 말합니다. 물의 부피는 바닥 넓이와 물 깊이의 곱입니다. 그런데 두 풀의 물의 양이 같으니까 두 풀에 대해 바닥 넓이와 물 깊이는 반비례의 관계가 성립한단 말이지요.

좀 더 알기 쉽게 설명해 주시겠습니까?

양쪽 풀에 채운 물의 부피를 1이라고 합시다. 어린이 풀의 수심은 0.6미터니까 어린이 풀의 바닥 넓이는 1÷0.6이 됩니다. 마찬가지로, 다이빙 풀의 수심은 3미터니까 다이빙 풀의 바닥 넓이는 1÷3이 되지요. 그러니까 전체 바닥 넓이는 이 둘을 더한 2가 되지요.

칸막이가 뚫리면 어떻게 되지요?

수심이 깊은 풀의 물이 낮은 풀로 이동해서 수심이 같아집니다.

그럼 수심은 몇 미터가 되지요?

음, 물의 부피가 2이고 전체 바닥의 넓이가 2이므로 수심은 2÷2 = 1, 그러니까 1미터가 되겠네요.

60센티미터에서 1미터로 깊이가 달라지면 아이들이 많이 놀라겠군요.

그렇지요. 키가 작은 아이들은 물에 잠길 수도 있습니다.

재판장님, 지금 우리는 수심이 서로 다른 어린이 풀과 다이빙 풀을 허술한 칸막이로 나누는 것이 무척 위험하다는 사실을 알게 되었습니다. 그러므로 수영장 측에 이번 사고의 책임이 있다고 주장합니다.

원고 측 의견에 동의합니다. 칸막이로 어린이 풀과 다이빙 풀을 나누어 놓다니요. 앞으로는 확실하게 벽을 쌓아 어린이 풀을 만들지 않은 경우에는 어린이 수영장 허가를 취소하도록 정부에 건의하겠습니다.

입체 도형의 겉넓이와 부피 공식

직육면체의 겉넓이 = 윗면의 넓이×2+옆면의 넓이
정육면체의 겉넓이 = 한 면의 넓이×6
직육면체의 부피 = 윗면의 넓이×높이
정육면체의 부피 = $(\text{한 변의 길이})^3$

반비례

2개의 양이 있는데 1개의 양이 1배, 2배, 3배……로 변하면 다른 양은 1배, $\frac{1}{2}$배, $\frac{1}{3}$배…… 변할 때 2개의 양은 서로 반비례한다고 말합니다.

예를 들어 보죠. 우유 60리터를 여러 명이 똑같이 나누어 마신다고 해 봅시다. 1명이 마신다면 얼마를 마실까요? 네, 60리터입니다. 2명이라면? 30리터씩 마시겠군요. 여기서 $30 = \frac{60}{2}$이라는 식이 나옵니다. 3명이라면 1명이 20리터씩 마시게 되고, $20 = \frac{60}{3}$이 나오지요.

이걸 표로 나타내면 다음과 같습니다.

사람 수(명)	1	2	3	4
1명이 마시는 우유의 양(리터)	60	$\frac{60}{2}$	$\frac{60}{3}$	$\frac{60}{4}$

사람 수가 1배, 2배, 3배……로 변하면 1명이 먹는 우유의 양은 1배, $\frac{1}{2}$배, $\frac{1}{3}$배……로 변하지요? 그러므로 사람 수와 1명이 마시는 우유의 양은 반비례하는 거예요. 이때 사람의 수를 x라고 하고 1명이 마시는 우유의 양을 y라고 하면, 두 수의 곱은 항상 60이 됩니다.

즉 다음과 같지요.

$x \times y = 60$

이렇게 2개의 양의 곱이 일정한 수가 될 때 두 양은 반비례 관계에 있다고 말합니다. 그리고 이때 60을 비례상수라고 부른답니다.

반비례의 또 다른 예는 넓이가 일정할 때 가로의 길이와 세로의 길이입니다. 넓이는 가로의 길이와 세로의 길이의 곱이므로 하나가 2배가 되면 다른 양은 $\frac{1}{2}$배가 되어 가로의 길이와 세로의 길이는 반비례하지요.

수학성적 끌어올리기

또 다른 예를 봅시다.

반비례의 또 다른 예를 살펴볼까요? 가로의 길이와 세로의 길이를 모르는 직사각형이 있습니다. 이 사각형의 넓이는 변하지 않고 가로의 길이가 25퍼센트 증가하면 세로의 길이는 몇 퍼센트 감소할까요?

이 문제는 반비례의 관계를 이용하는 예입니다. 처음 직사각형의 가로, 세로의 길이를 각각 x와 y라고 하고 넓이를 A라고 하면, $x \times y = A$가 됩니다. 즉 x와 y는 반비례하지요.

25퍼센트 증가한 가로의 길이를 x' 라고 하면, $x' = x+0.25x = 1.25x = \frac{5}{4}x$가 됩니다. 이때 달라진 세로의 길이를 y' 라고 하면 넓이가 달라지지 않으므로 $x' \times y' = A$가 됩니다.

여기에 $x' = \frac{5}{4}x$를 넣으면 $\frac{5}{4}x \times y' = A$가 됩니다.

한편 $x \times y = A$이므로 $\frac{5}{4}x \times y' = x \times y$이고 양변을 x로 나누면 $\frac{5}{4} \times y' = y$가 됩니다. 양변에 $\frac{4}{5}$를 곱하면 $y' = \frac{4}{5}y$가 되어 원래 길이(y)의 $\frac{4}{5}$가 됩니다. 그러므로 세로의 길이는 20퍼센트 감소하지요.

제4장

속력에 관한 사건

속력의 뜻 – 누가 더 빠른가?

속력 – 10미터 앞에서 뛰어도……

터널 문제 – 기차의 길이

속력의 활용 – 자 없이 호수 둘레 재기

속력의 응용 – 원형 트랙 경주의 승자 가리기

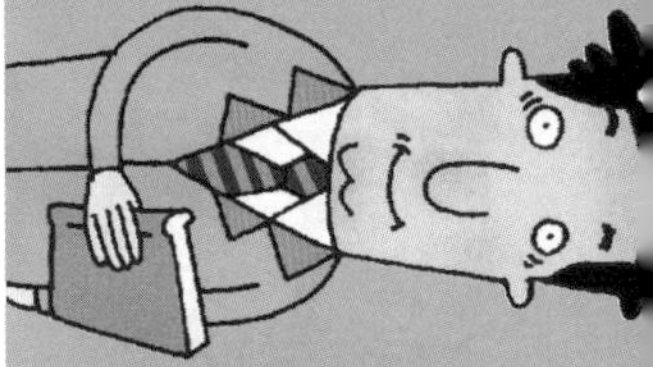

누가 더 빠른가?

어떻게 속력이 더 빠른 선수를 가릴 수 있을까요?

세계 1, 2위를 다투는 최고 육상 선수들이 모두 과학공화국 국민이었다. 이들 덕에 올해 세계 육상 선수권 대회를 과학공화국에서 개최할 수 있었다.

러니와 바트는 세계 육상 선수권 대회에서 늘 1, 2위를 하는 엄청난 경쟁 상대였다. 그래서 그런지 그 둘은 같은 과학공화국 대표 선수들임에도, 최근 들어 더욱 서로를 의식하며 지냈다.

"러니가 이번에 새 신발을 사 왔대. 신발이 날아갈 듯 가볍다던데."

"그래? 매니저, 뭐 하고 있어! 얼른 새 신발을 만들어 와. 러니에게 뒤질 순 없어."

이렇게 운동화 하나에도 날카로운 신경전을 벌일 정도였다.

러니는 어릴 때부터 육상 선수로 활약해왔다. 초등학교 2학년 때 처음 세계 주니어 육상 경기에서 3등을 차지하면서 그의 달리기 인생이 시작되었던 것이다. 러니는 워낙 어릴 때부터 육상 선수로 유명했던 터라, 육상을 사랑하는 많은 팬들의 엄청난 지지 속에 끊임없이 향상된 기량을 선보여 왔다. 그렇게 성장해 지금은 세계 3대 육상 선수에 손꼽히는 사람이 되었다.

반면, 바트는 실제로 육상 선수로 뛴 지 1년도 채 되지 않았다. 그러나 그의 놀라운 스타트 실력과 근육의 빠른 움직임이 순식간에 그를 세계 3대 육상 선수로 올려놓았던 것이다.

러니 입장에서는 갑작스레 떠오른 바트가 마음에 들 리 없었다. 결국 그들은 만나기만 하면 으르렁거리는, 세상에 둘도 없는 경쟁자가 되어 버렸다.

"허, 바트. 너 이번에도 자세가 영 이상하더라. 그렇게 기우뚱하게 뛰어서 속력이 나니?"

"러니, 넌 어릴 때보다 지금 더 못 뛰는 것 같아. 요새는 연습 안 하나 봐?"

"뭐야? 당장 좀 달린다고 다가 아냐. 내게는 달려 온 세월이 있는데, 너 따위가 날 이길 수 있을 것 같아?"

"흥, 육상계의 제왕도 다 옛말인 거 알지?"

둘은 이렇게 서로의 신경을 긁어 대기 바빴다.

그러던 중 〈엔조이 스포츠 신문〉에서 '러니 vs 바트: 누가 더 빠른가?' 라는 제목으로 머리기사를 실었다. 아직 그 두 선수 가운데 누가 더 실력이 뛰어난지 정확한 분석이 이루어지지 않았던 것이다. 그럴 수밖에 없었던 것이, 그들이 뛰는 주종목이 서로 달랐기 때문이다. 바트는 120미터 세계 신기록을 가지고 있었고, 러니는 400미터 세계 신기록을 가지고 있었다. 그러다 보니 러니도, 바트도, 서로 자기가 세계에서 가장 빠르다는 자부심을 지니고 있었다.

"바트, 너 신문 봤냐? 또 우리 둘을 가지고 떠들어 댔더라. 누가 더 빠르냐면서."

"당연히 봤지. 왜 사람들은 모를까? 당연히 내가 더 빠른데."

"뭐라고? 너 바보니? 내가 더 빠르잖아. 난 400미터를 50초 만에 뛰는 사람이야. 어디 들이댈 데가 없어서 나한테 그러냐?"

"이봐. 난 120미터를 16초 만에 뛴다고. 달리기의 꽃은 100미터인 거 몰라? 당연히 내가 더 빠르지!"

"뭐야? 너 자꾸 그런 식으로 나오면 증명해 보이는 수밖에 없어."

"뭘 증명한단 거야? 하나도 겁 안 나. 그래, 이제 정말 누가 더 빠른지 알아봐야 할 때가 된 거야. 알아보자고. 난 자신 있으니까."

그렇게 러니와 바트는 한참 실랑이를 벌이다가, 결국 수학법정에 누가 더 빠른지를 의뢰하게 되었다.

속도는 물체가 정해진 시간 안에
어느 방향으로 얼마만큼 움직였는지를 말하고,
속력은 속도의 크기 또는 속도를 이루는 힘을 뜻합니다.

여기는 수학법정

러니와 바트 중 누구의 속력이 더 클까요?
수학법정에서 알아봅시다.

재판을 시작하겠습니다. 누가 먼저 의견을 말하겠습니까?

재판장님, 제가 먼저 하겠습니다. 육상은 어떤 거리를 가장 적은 시간으로 달린 사람이 이기는 경기입니다. 그러므로 바트는 120미터에서 속력이 가장 큰 선수이고 러니는 400미터에서 속력이 가장 큰 선수라고 판결을 내리면 되지 않을까요? 따지지 말고 그냥요.

매쓰 변호사의 의견은 어떤가요?

저는 생각이 좀 다릅니다.

어떻게 다르지요?

우리는 여기서 속력이라는 양을 정확하게 정의할 필요가 있습니다.

어떻게 정의하면 되지요?

바트는 120미터를 16초에 뛰고 러니는 400미터를 50초에 뛰었습니다. 이때 시간이 적게 걸린 바트의 속력이 더 크다고 말하면 잘못입니다. 두 사람이 같은 거리를 달렸다면 물론 시간이 적게 걸린 사람이 더 빠른 것이지만, 이 경우처럼 두 사람이 서로 다른 길이를 움직였을 때에는 걸린 시간만으로 두 사람의 빠르기를 비교할 수 없으니까요.

그럼 어떻게 비교하지요?

두 사람이 같은 시간 동안 간 거리를 비교하면 공평합니다. 그 같은 시간을 1초라고 하면 두 사람이 1초 동안 움직인 거리는 다음과 같은 비례식을 통해 알아낼 수 있습니다.

바트 → 120미터 : 16초 = □미터 : 1초 ∴ □ = 7.5

러니 → 400미터 : 50초 = □미터 : 1초 ∴ □ = 8

그러므로 바트는 1초에 7.5미터를 이동하고 러니는 1초에 8미터를 이동합니다. 같은 시간(1초) 동안 러니가 더 긴 거리를 이동하므로 러니의 속력이 바트의 속력보다 더 큽니다.

허허! 명쾌해지는군요. 그럼 두 사람 중 러니 선수의 속력이 더 크다고 판결하겠습니다.

속도와 속력

평균 속력은 전체 이동 거리를 이동하는 데 걸린 전체 시간으로 나눈 값이다.

$$\text{평균 속력}(v) = \frac{\text{전체 이동 거리}(s)}{\text{전체 걸린 시간}(t)}$$

여기서 속도와 속력을 구분해야 한다. 속력은 단순히 거리만을 측정하지만, 속도는 방향까지 고려한다.

10미터 앞에서 뛰어도……

10미터를 누가 더 많이 뛰었을까요?

과학공화국 서부에 있는 가트 초등학교 운동장에 응원하는 소리가 쩌렁쩌렁 울려 퍼졌다.

"세컴 이겨라! 세컴 이겨라!"

"펄스 이겨라! 펄스 이겨라!"

세컴과 펄스는 가트 초등학교 육상 대표 선수였다. 그들은 한 달 뒤에 있을 과학공화국 서부 주니어 육상 팀 선발 대회에 대비해 한창 연습 중이었다. 그런데 그 모습을 지켜보던 학교 친구들이 진짜로 육상 경기를 해 보라고 하도 조르는 통에 둘이서 갑작스레 대결을 펼치게 되었던 것이다.

펄스는 가트 초등학교 육상 대표 선수들 가운데 단연 최고였다. 그에 비하면 세컴은 펄스를 따라잡고 싶어하는 선수였다. 경기 기록도 늘 펄스가 우수할 뿐만 아니라, 아무리 노력하고 노력해도 함께 달리는 펄스를 도무지 따라잡을 수가 없었다.

이번만 네 번째 대결이었다. 이상하게도 100미터 경기를 할 때마다 펄스가 골인을 하는 순간에 세컴은 90미터 지점을 통과하고 있었다.

그리고 역시나, 이번 경기에서도 마찬가지였다. 세컴을 응원하던 친구들은 힘이 빠졌다.

"세컴, 넌 언제 펄스를 이겨 보냐?"

"이제 너 응원하는 것도 재미 없어. 늘 펄스한테 지는걸 뭐."

친구들의 말에 세컴은 어깨에서 힘이 쭉 빠졌다. 멀리서 그 모습을 지켜보고 있던 펄스가 다가왔다.

"세컴, 우리 한 번만 더 겨뤄 보자. 대신 이번에는 네가 10미터 앞에서 뛰어."

"뭐, 정말?…… 아냐, 싫어! 지금 너 나 우습게 보고 하는 말이지? 안 할래!"

"아냐! 오해하지 마. 정말 그렇게 딱 한 번만 경기해 보고 싶어서 그래."

"내가 늘 10미터 차이로 지니까……? 그럼, 만약 둘이 동시에 결승점에 도착하면?"

"음, 내가 너랑 동시에 결승점을 통과해도 내가 진 걸로 할게."

"어, 정말이지? 그럼 내가 당연히 이길 텐데. 하하, 한 입으로 두 말 하기 없기다."

세컴은 이번만큼은 자기가 이길 거라고 확신했다. 언제나 펄스가 100미터 지점을 통과할 때 자기가 90미터 지점을 통과한다는 건 그 누구보다 세컴이 가장 잘 알고 있었으므로 펄스보다 10미터만 앞에서 출발한다면 경기를 하나마나 자기가 이길 거라고 자신했던 것이다. 게다가 두 사람이 동시에 결승점을 통과해도 세컴이 이기는 것으로 약속까지 했으니, 무조건 자기가 이기는 경기라고 생각했다.

"좋아. 이번엔 내가 무조건 이긴다. 아자! 아자!"

세컴이 신나서 소리를 질렀다.

아이들은 일제히 '준비, 시작!'이라고 외쳤다.

세컴과 펄스 모두 열심히 달리기 시작했다. 그런데 믿을 수 없는 일이 벌어졌다. 이게 어찌 된 일일까? 분명 세컴이 10미터 앞에서 출발했음에도 또 펄스가 먼저 결승점을 통과했던 것이다.

"뭐야? 왜 또 네가 이겨. 말도 안 돼. 내가 10미터 앞에서 출발했는데, 적어도 동시에 도착해야지. 어떻게 네가 먼저 도착할 수 있어. 말도 안 돼."

"세컴, 이제 알겠니? 내가 너보다 빠르다는 사실을 말야. 이번엔 꼼짝없이 인정해야겠지?"

"그럴 리가 없어. 너 무슨 속임수를 쓴 거야? 약속을 지키지 않은 것 같아!"

"무슨 소리야! 난 약속이라면 하늘이 두 쪽 나도 지키는 '스탈'이라는 건 너도 잘 알 텐데."

하지만 세컴은 펄스가 속임수를 썼다는 생각을 떨쳐 버릴 수 없었다. 자기보다 10미터 뒤에서 뛰기로 해 놓고, 그 약속을 지키지 않은 것이 틀림없다는 생각이 점점 굳어졌다. 생각하면 할수록 괘씸한 일이었다.

'그래, 10미터 뒤에서 뛴 게 아냐! 그런 속임수를 쓰지 않고서 날 이길 순 없지. 어디서 그런 못된 짓을 해! 가만있지 않겠어.'

혼자서 씩씩거리던 세컴은 수학법정에 시비를 가려 달려고 부탁했다.

두 사람이 같은 시간 동안 뛴 거리의 비가 10 : 9일 때,
한 사람이 10미터를 뛰는 동안 다른 사람은 9미터밖에 못 뛰므로
같은 시간 동안 1미터를 더 많이 뛴 사람이 이기게 됩니다.

여기는 수학법정

펄스는 정말 세컴을 속였을까요?
수학법정에서 알아봅시다.

재판을 시작합니다. 먼저 원고 측 변론하세요.

재판장님, 생각해 보세요. 펄스 군은 항상 세컴 군을 10미터 차이로 이겼습니다. 그러니 세컴 군이 펄스 군보다 10미터 뒤에서 뛰면 두 사람이 동시에 결승점에 도착하게 되어 세컴 군이 이겨야 하는 거 아닌가요? 그런데도 펄스 군이 이겼다면 이는 펄스 군이 10미터가 아니라 9미터나 8미터 뒤에서 뛰었다고밖에 볼 수 없습니다. 그러므로 친구 사이에 속임수를 쓴 펄스 군에게 벌을 주시기 바랍니다.

피고 측 변론하세요.

수치 변호사는 비율과 속력의 관계를 전혀 모르고 있습니다.

내가 뭘 모른다는 거요?

솔직히 이런 말 하기 뭐하지만……, 수치 변호사가 아는 게 뭔지 그것이 알고 싶습니다.

헉! 재판장님…….

매쓰 변호사, 계속하세요.

펄스 군이 100미터를 뛰는 동안 세컴 군은 90미터만 뛰었습니다. 그러니까 두 사람이 같은 시간 동안 뛴 거리의 비는 100 :

90, 즉 10 : 9지요.

그런데요?

일단 세컴 군이 10미터 앞에서 뛰면 결승점을 10미터 앞둔 90미터 지점에서 두 사람은 같은 위치에 있게 됩니다.

그렇겠군요.

이제 남은 10미터를 누가 더 많이 뛰는지 따지면 됩니다. 펄스 군과 세컴 군이 같은 시간 동안 뛰는 거리의 비가 10 : 9이므로 펄스 군이 남은 거리 10미터를 뛰는 동안 세컴 군은 9미터밖에 못 뛰지요. 따라서 같은 시간 동안 1미터를 더 많이 뛴 펄스 군이 결승점에 도착하게 됩니다. 그러므로 이 경기는 펄스 군이 이길 수밖에 없습니다.

허허, 신기하군요. 나도 조금 전까지만 해도 두 사람이 같이 골인하는 게 옳다고 생각했거든요. 비례식이라는 거, 정말 신기해요. 그럼 사건은 해결되었으니 우린 어디 가서 식사나 합시다.

그러지요.

기차의 길이

기차의 속력에 기차의 길이가 영향을 줄까요?

"뉴스 속보입니다. '스피드 고속열차 회사'에서 신기술 고속열차를 개발했다는 소식입니다."

어느 날 저녁, 한가롭게 텔레비전을 보고 있던 조급해 씨는 깜짝 놀라 자리에서 벌떡 일어났다.

"여보, 무슨 일이에요?"

"쉿! 뉴스 속보 좀 듣자고."

"스피드 고속열차 회사는 이제껏 고속열차계에서 마의 속도라 일컬어지던 초속 23미터의 장벽을 깨고 초속 24미터라는 놀라운 속도를 자랑하는 신기술 고속열차를 선보였습니다. 이를 계기로 우리 사회의 고속화 열풍이 더욱 활발해질 전망입니다. 이상으로 뉴스 속보를…… ."

조급해 씨는 넋이 나간 듯한 표정으로 다시 자리에 앉았다. 조급해 씨는 '쉬이익 고속열차 회사'의 사장이었다. 그는 방금 뉴스에서 말하던 고속열차계의 마의 속도라 일컬어지는 초속 23미터 고속열차를 개발했던 사람이다. 당시 조급해 씨는 고속열차의 속도를 올리려 아무리 노력해 봐도 방법이 없었다.

어쩔 수 없이 고속열차의 최고 속도는 초속 23미터라는 결론을 잠정적으로 내리고, 쉬이익 고속열차의 모든 속도를 초속 23미터로 맞추었던 것이다. 그런데 경쟁 회사인 스피드 고속열차에서 초속 24미터로 달리는 고속열차를 개발했다니, 조급해 씨에게는 충격일 수밖에 없었다.

"이상한 일이야. 속도를 올리려 갖은 방법을 써도 초속 23미터를 넘어서는 속도는 나오지 않았는데…… 어떻게 우리보다 시작도 느렸던 스피드 고속열차 회사에서 초속 24미터로 달리는 고속열차를 개발할 수 있었을까?"

조급해 씨는 허탈한 마음을 감출 수가 없었다. 그동안 그는 조금이라도 더 빨리 달리는 고속열차를 만들려고 끊임없이 노력해 왔다. 그런데 뒤늦게 고속열차 시장에 뛰어든 스피드 고속열차가 쉬이익 고속열차보다 더 빠른 고속열차를 내놓았다는 게 도무지 믿어지지 않을 뿐이었다.

"그러게요. 이상한 일이네요. 정말 초속 24미터로 달릴까요?"

"그래, 허위 발표일지도 모르지. 내가 직접 측정해 봐야겠어."

조급해 씨는 스피드 고속열차에서 고속열차 시범 운행을 하는 날 직접 속도를 재 보기로 결심했다.

그리고 마침내 시범 운행의 날. 조급해 씨는 스피드 고속열차가 1킬로미터 길이의 터널을 통과한다는 소식을 전해 듣고는 터널 앞에서 열차가 지나가기를 기다렸다.

스피드 고속열차라는 깃발을 단 열차 한 대가 빠른 속도로 터널로 달려오기 시작했다. 기차가 터널 입구에 도착하는 순간 조급해 씨는 재빨리 초시계를 눌렀다. 1초, 2초…… 시간이 흐르기 시작했다.

그리고 마침내 스피드 고속열차가 터널을 완전히 빠져 나갔다. 조급해 씨는 열차가 터널에서 완전히 사라지는 순간 다시 초시계를 누르고 시간을 확인했다. 정확히 50초가 걸렸다. 그는 얼른 연습장을 꺼내 계산을 했다.

"좋아, 1킬로미터 터널을 통과하는 데 50초가 걸렸으니…… 1000÷50이면……. 어디, 가만 보자. 초속 20미터잖아. 맙소사! 그럼 그렇지. 우리 회사보다 훨씬 늦게 고속열차 시장에 뛰어든 스피드 고속열차 회사가 우리보다 빠른 열차를 만들어 낼 순 없지."

조급해 씨는 회심의 미소를 지었다. 그러고는 집에 돌아가자마자, 언론사 기자들에게 팩스를 보내기 시작했다.

제가 직접 측정해 본 결과, 스피드 고속열차의 속도는 초속 24미터가 아니라 초속 20미터에 지나지 않습니다. 그러므로 스피드 고속열차 회사에서 열차의 속도를 허위로 발표했다는 것을 주장하는 바입니다.

쉬이익 고속열차 회사 사장 조급해

다음 날, 스피드 고속열차의 허위 발표 기사가 뉴스 곳곳에 오르내리기 시작했다. 스피드 고속열차 회사 측은 황당할 뿐이었다. 그리고 그런 제보를 한 사람이 경쟁 회사인 쉬이익 고속열차의 조급해 사장이라는 사실을 알고는 더욱 화가 났다. 결국, 스피드 고속열차 회사 측은 허위 제보를 이유로 조급해 씨를 수학법정에 고소하기에 이르렀다.

기차의 앞부분이 터널 입구에 닿는 순간부터
기차의 뒷부분이 터널을 빠져나올 때까지 기차가 움직인 거리는
터널의 길이와 기차 길이의 합이 됩니다.

여기는 수학법정

터널을 지나가는 기차의 속력은 어떻게 계산해야 할까요?

수학법정에서 알아봅시다.

재판을 시작합니다. 먼저 피고 측 변론하세요.

1킬로미터의 터널을 통과하는 데 분명히 50초 걸렸잖아요? 그럼 초속 20미터가 맞지요. 그런데 초속 24미터의 신기록을 세웠다고 사람들을 속이다니, 스피드 고속열차 회사가 정말 나쁜 거죠.

원고 측 변론 듣겠습니다.

기차속력연구소의 칙칙폭 박사를 증인으로 요청합니다.

커다란 체크무늬의 점퍼를 뒤집어 쓴 사내가 증인석으로 걸어 들어왔다.

증인이 하시는 일은 뭐죠?

저는 기차의 속력에 관한 연구를 하고 있습니다.

그럼 이번 사건에 대해 어떻게 생각하십니까?

스피드 고속열차 회사의 열차는 초속 24미터가 맞습니다.

그건 왜죠?

터널을 통과하는 기차의 속력을 잴 때에는 기차의 길이를 고려해야 합니다.

그건 왜죠?

기차는 기니까요?

좀 더 자세히 설명해 주시겠습니까?

조급해 씨는 기차의 앞부분이 터널 입구에 닿는 순간부터 기차의 뒷부분이 터널을 빠져나올 때까지의 시간을 쟀습니다. 그 시간이 50초지요. 그렇다면 이 경우 기차가 움직인 거리는 터널의 길이와 기차 길이의 합이 됩니다.

그렇군요.

제가 조사해 보니 기차의 길이가 200미터더라고요. 그러니 기차는 50초 동안 1200미터를 움직인 셈이고, 1200÷50 = 24이므로 이 기차는 초속 24미터로 달린 것이 맞습니다.

그럼 게임이 끝났군요.

판결하겠습니다. 기차가 터널을 통과하는 경우에는 터널의 길이뿐 아니라 기차의 길이도 속력을 올바르게 재는 데 중요한 역할을 한다는 것을 알았습니다. 그러므로 원고 측 주장대로 스피드 고속열차의 속력은 초속 24미터가 맞습니다. 그럼 이것으로 이번 재판을 마치겠습니다.

기차의 속도

우리나라에서 가장 빠른 열차는 KTX이다. 보통 운행할 때의 최고 속도는 시속 300킬로미터이며, 설계 최고 속도는 그보다 빠른 시속 350킬로미터이다.
현재, 가장 빠른 열차로 알려져 있는 프랑스의 테제베는 시속 320킬로미터로 운행할 수 있다고 한다.

자 없이 호수 둘레 재기

자동차의 속력으로 어떻게 호수 둘레를 구할 수 있을까요?

다부어 호수는 과학공화국에서 제일 큰 호수이다.

"이 호수가 크기 면에선 제일이지. 우리 과학공화국의 자랑이야, 하하."

"호수가 커서 좋긴 한데, 너무 휑하지 않나요?"

"자네도 그렇게 느꼈나? 호수만 덩그러니 있는 게 관광 사업을 하기엔 별로인 것 같아."

"이번 기회에 나무를 빙 둘러 심어 볼까요?"

이렇게 해서 다부어 호수 관리사무소에서는 호수를 빙 두르는 길을 따라 1미터 간격으로 나무를 심기로 했다. 그런데 호수가 너무 커서 관리사무소에서는 호수 둘레의 길이를 알 방법이 없었다.

"이거 큰일이네. 호수가 좀 큰 게 아니라서 말이지."

"둘레를 알아야 나무를 어떻게 얼마나 심을지 결정할 텐데……."

호수 둘레 재기에서 발목을 잡힌 관리소장이 다재봐 거리 측정 회사에 전화를 걸었다.

"다재봐죠? 다부어 호수 관리사무소입니다."

"과학공화국 최대 호수에서 어쩐 일로 전화를 다 주셨나요?"

"다름이 아니라 호수를 빙 둘러서 나무를 심으려는데 도무지 호수 둘레 길이가 안 나와서요."

"그래요? 그런 일이라면 당연 우리가 전문이죠. 당장 달려가겠습니다."

다재봐 회사에서 전기 자동차 2대를 다부어 호수로 보냈다. 1대는 시속 20킬로미터로 일정하게 달리는 차였고, 다른 1대는 시속 30킬로미터로 달리는 차였다.

"호수 둘레의 길이를 재 달랬는데 왜 자는 안 가져오고 차만 2대 가져온 겁니까?"

관리소장이 어리둥절한 표정으로 물었다.

"우린 호수 둘레의 길이를 잴 때 차 2대로 잽니다."

다재봐 회사의 사원이 설명했다.

"아무래도 믿음이 가지 않아요. 차로 어떻게 호수 둘레를 잰다는 거죠?"

"두고 보시면 알아요. 저희가 지금까지 이렇게 해서 재어 드린 둘레만 해도 지구를 한 바퀴 돌고도 남을 거예요."

"그래도 전 이해할 수 없어요. 미안하지만 그냥 돌아가 주세요."

관리소 측에서는 자도 없이 차 2대만으로 호수 둘레의 길이를 잴 수는 없다고 여겼다.

"그런 법이 어디 있습니까! 이미 그쪽에서 신청을 하셨기에 이 먼 곳까지 차를 2대나 끌고 왔는데요."

"그건 잘 모르겠고, 저희는 당신들의 측정 방식에 동의할 수도, 그걸 믿을 수도 없어요."

황당하게 쫓겨 나온 다재봐 회사에서는 다부어 호수 관리사무소 측을 계약 위반으로 수학법정에 고소했다.

자동차의 속력에 자동차가 움직인 시간을 곱하면
자동차가 이동한 거리, 즉 호수 둘레의 길이가 나옵니다.

여기는 수학법정

속력이 서로 다른 차 2대로 호수 둘레의 길이를 잴 수 있을까요?

수학법정에서 알아봅시다.

재판을 시작합니다. 피고 측 변론하세요.

길이를 재는 것은 '차'가 아니라 '자'입니다. 자, 따라 해 보세요. 자~!

수치 변호사, 지금 장난하는 겁니까?

자를 강조하려고 개그를 선보였을 뿐이에요.

그게 개그라고요?

아무튼 자도 준비해 오지 않은 다재봐 회사 사원에게 호수 둘레의 길이를 꼭 재게 해야 합니까? 관리사무소 측엔 책임이 없지 않습니까? 제 생각입니다만.

원고 측 변론하세요.

저는 다재봐 거래 측정 회사의 김측정 연구원을 증인으로 요청합니다.

머리에 희끗희끗 새치가 난 40대 남자가 증인석으로 걸어왔다.

다재봐 회사는 조금 특별한 방법으로 거리를 잰다고 하던데,

그게 사실인가요?

네, 그렇습니다.

어떤 방법이지요?

호수처럼 닫힌 도형의 둘레의 길이를 잴 때에는 속력이 일정한 차 2대를 보냅니다.

어떻게 재는 겁니까?

사실 우리는 다부어 호수의 둘레의 길이를 재는 데 성공했습니다.

어떻게요?

우리는 이번 법정에서 승리할 거라는 자신감이 있었어요. 그래서 미리 재 보았지요. 차 2대로 호수의 한 지점에서 서로 반대 방향으로 출발해 다시 만날 때까지의 시간을 재 보았더니 30분이었습니다. 30분은 0.5시간이지요. 그럼 시속 20킬로미터인 차가 이동한 거리는 $20 \times 0.5 = 10$(킬로미터)이고, 시속 30킬로미터인 차가 이동한 거리는 $30 \times 0.5 = 15$(킬로미터)가 됩니다. 그러므로 차 2대가 이동한 거리를 합치면 그것이 바로 호수 둘레의 길이가 됩니다.

그럼 25킬로미터네요.

맞습니다.

그런데요, 1대가 1바퀴를 돌아도 거리를 알 수 있지 않나요?

시간이 많이 걸리잖아요. 우리 회사를 찾는 사람들이 많아서 아주 바쁘다고요. 그러니 빨리 재고 다른 데로 가서 한 건을 더 뛰어야죠. 그래서 2대를 서로 마주 보고 달리게 하는 것입니다.

그렇군요. 재판장님, 다재봐 회사에서는 이렇게 차 2대의 속력을 이용해서 호수 둘레의 길이를 잴 수 있었습니다. 그러므로 다부어 관리사무소는 다재봐 회사 측에 계약된 대금을 지급해야 합니다.

훌륭해요. 매쓰 변호사가 정확하게 결론을 내주어서 판결을 따로 내리지 않아도 되겠어요. 매쓰 변호사의 주장대로 다재봐 회사는 다부어 호수의 둘레의 길이를 다 쟀으므로 약속된 대금을 받을 권리가 있다고 판결합니다.

속력과 시간

속력의 공식을 이용해 시간을 구하려면 거리를 속력으로 나누면 된다. 그렇다면 이 사건과 똑같은 상황에서 차 한 대가 20킬로미터의 속력으로 달렸다면 시간은 얼마나 걸렸을까? 25(거리)÷20(속력) = 1.25(시간)이므로 1시간 15분이 걸린다.

원형 트랙 경주의 승자 가리기

큰 마을 차는 왜 작은 마을 차를 이길 수 없을까요?

큰 마을과 작은 마을이 위아래 나란히 자리 잡고 있었다. 이 두 마을은 옛날부터 서로 도와 가며 살았다. 홍수가 나면 물길을 틔워 주어 마을이 물에 잠기지 않게 서로 배려했고, 가뭄이 들면 물을 나누어 썼다.

그래서인지 두 마을은 인심 좋고 발전 가능성 높은 마을로 이름이 나 있었다.

"작은 마을네, 오늘 우리 집 사과 땄는데 좀 가져가서 먹어. 이웃 좋다는 것이 뭐야."

"마침 잘 됐다. 그러잖아도 샐러드 만들려는데 사과가 없어서 사러 갈 참이었거든."

"그럼 딱 맞았네! 우린 사과가 남아서 어떻게 처리해야 할지 골치였는데."

"역시 이웃 하나는 찰떡궁합으로 잘 뒀어. 사과 잘 먹을게. 담에 필요한 것 있으면 꼭 연락해."

두 마을이 서로 닮아 가는 것인지, 큰 마을에서 필요한 것은 작은 마을에 있었고, 작은 마을에서 뭔가 필요하다 싶어 발을 동동거릴 때면 큰 마을에서 마침 그걸 가져왔다.

한 번은 이런 일이 있었다. 큰 마을과 작은 마을은 더운 여름을 맞이해 모두 봉사 활동을 가기로 했다. 그런데 이번에는 두 마을이 조금 멀리 떨어진 곳으로 가게 되었다. 두 마을이 택한 곳은 양로원과 고아원이었다.

"이번에 작은 마을에서는 고아원엘 간다지? 우린 양로원으로 가기로 했어."

"지난해에 양로원에 다녀왔으니, 올해엔 고아원으로 가자고 하더라고요. 그나저나 큰 마을에서는 어떻게 준비가 잘 돼가요?"

"응, 우린 음식 준비랑 장기자랑 준비, 겨울에 쓸 목도리 같은 거 짜서 준비하고 있어. 작은 마을은 어때?"

"우리는 이번에 책이랑 아이들 좋아하는 피자를 퓨전으로 만들어 가기로 했어요. 아이들이 좋아하는 걸로 준비해 가는 게 좋지 않겠어요?"

두 마을은 이렇게 준비해서 각각 양로원과 고아원으로 향했다. 그런데 신기하게도 두 마을 사람들이 딱 마주쳤는데, 그들이 가기로 했던 양로원과 고아원이 같은 마을에 있었던 것이다. 서로 의논했던 것도 아닌데, 두 마을 사람들은 봉사 활동에 가서도 함께 지내게 되었다.

"역시 큰 마을과 작은 마을은 천생연분인 거야? 그런 거야?"

"방금 인사하고 돌아섰는데, 봉사하러 간다는 곳이 여기였어?"

"인사는 괜히 했네그려. 처음부터 같이 올 걸 그랬어."

뜻하지 않은 곳에서 만난 두 마을 사람들은 더욱 신명나게 봉사 활동을 했다. 두 마을의 인연은 이렇듯 깊어만 가고 있었다. 두 마을의 친분이 돈독해지자 두 마을을 합치자는 의견도 심심찮게 나왔지만, 오랜 전통이 있다 보니 그 일만은 쉽지 않았다.

두 마을이 더 돈독해지게 된 계기는 두 마을 남녀가 사랑에 빠지면서였다. 처음에는 그저 이웃 마을일 뿐이었으나, 두 마을의 젊은 남녀가 함께 어울릴 기회가 많아지면서 서로 더 친해졌던 것이다.

"산이 오빠, 간만에 보네. 잘 지냈어?"

"빵아 너도 잘 지냈니?"

"난 그냥 그래. 공부하고 학교 가고, 좀 재미없네."

"그래? 우리 오랜만에 만났는데 영화나 한 편 볼까? 너 중간고사 끝났지?"

"응, 끝났어. 그럼 간만에 기분 전환 좀 해 볼까?"

시작은 큰 마을 산이와 작은 마을 빵아였다. 젊은이들이 즐길 만한 놀이가 드물었던 까닭에 마을 밖으로 나가지 않는 한 마을은 따분하기 짝이 없는 곳이었다. 종종 두 마을 젊은이들이 마을 밖으로 놀러 나가곤 했는데, 그럴 때마다 자주 마주쳤다. 마을이 워낙 가까워서 이미 잘 알고 지내는 사이긴 했지만, 마을 밖에서 보면 왠지 더 살갑고 반가운 법이었다. 그러다가 두 마을 젊은이들 사이에서 정기적으로 젊은이들의 모임을 여는 것이 어떻겠느냐는 의견이 나왔다.

"마을이 가까운 데 비해 우리들이 이렇게 모일 기회는 없었던 것 같아. 마을끼리 친목을 다지기 위해서라도 우리들끼리 정기적으로 모이는 것이 어떻겠니?"

"우리들 알게 모르게 자주 마주치는데, 어차피 마주치는 거 서로 친해질 기회도 되고 좋을 것 같아. 난 찬성이야."

"나도 찬성! 안 그래도 친한 마을인데 좀 더 조직적으로 친해 볼 필요도 있다고 생각해."

"반대할 이유가 없어. 좋았어!"

이렇게 해서 두 마을의 모임이 만들어졌다. 어른들은 일이 바쁘다 보니 마을을 지나다 만나는 것만으로 만족했다. 하지만 젊은이들은 달랐다. 좀 더 조직력 있는 모임을 원했다.

"그럼 우선 한 달에 한 번씩은 꼭꼭 모이도록 하자."

"그래, 그러자. 뭘 할지는 다달이 모여서 하나씩 생각하고, 그걸 차곡차곡 모으도록 하자."

"이번 달 모임은 오늘 모인 걸로 대신하고, 매달 마지막 주 일요일에 만나는 게 어때?"

"오늘은 영화를 봤으니깐, 문화생활 부분에 그걸 적어 넣으면 되겠네."

두 마을의 젊은이들은 새로 젊은이들만의 모임을 만든 것을 내심 자랑스러워했다. 오래전부터 이어져 온 두 마을 사이의 다정한 관계에 젊은이들의 조직력이 더해져 두 마을이 서로 더 커지는 느낌마저 들었다.

모임이 거듭될수록 두 마을 젊은이들이 추가하는 놀이도 늘어갔다. 두 번째 만남에서 두 마을 젊은이들은 스키 캠프에 참가해 보기로 했다. 개인적으로 가자니 돈이 너무 많이 들어서 선뜻 나서지 못했는데, 두 마을 젊은이들이 모이니 인원이 좀 되어 싸게 갈 수 있는 길이 생겼다.

"드디어 우리도 스키장이라는 곳을 가 보는구나."

"요즘은 스키 안 타 본 사람은 이야기에도 못 끼겠더라. 아싸, 나도 눈을 밟아 보는 거야!"

"역시 모임을 갖길 잘했어. 여러 모로 서로에게 이익이네."

스키장에 도착한 두 마을 사람들은 하얗게 펼쳐진 눈밭 위에서 할 말을 잃고 말았다.

"이것이 바로 눈의 세계로구나! 이렇게 눈 덮인 산은 처음이야."

"바로 여기서 스키란 걸 탄다, 이 말이지? 자, 그럼 자세 한번 잡아 볼까?"

모두들 스키장에 처음 와 보는 터라 몹시 들떠 있었다.

이처럼 두 마을의 젊은 마음들이 모이니 서로서로 좋은 영향만 주고받는 것 같았다. 스키장에서의 하루는 꿈같이 빨리 지나갔다. 두 마을 젊은이들은 아쉽지만 다음을 기약하며 집으로 발길을 돌렸다.

젊은이들의 모임은 다소 의기소침해 보이던 두 마을 젊은이들에게 활기를 불어넣어 주었다. 모임이 활기를 띠면서 젊은이들은 학업은 물론 일상생활도 눈에 띄게 적극적이 되었다.

이쯤 되자 어른들도 젊은이들의 모임을 아주 긍정적으로 바라보았다.

"애들이 모임을 갖더니 확실히 많이 달라졌어요."

"그렇지요? 처음에는 쟤들이 얼마나 가려나 싶었는데, 이 상태라면 모임이 더 커질 수도 있겠어요."

"확실히 요즘 애들이 똑똑하고 빠르긴 빨라요. 우린 서로 잘 알고나 지냈지, 모임 같은 건 생각도 못했는데 말이에요."

어른들은 저마다 한 마디씩 했다. 젊은이들의 모임을 본떠, 없는 시간을 어른들 모임을 만들자는 의견이 나올 정도였다.

쪼개서라도 젊은이들이 다음으로 택한 모임 주제는 박물관 관람이었다. 마침 학교에서 박물관이나 전시관에 가 본 뒤 보고서를 써 오는 숙제를 내주었는데, 그런데 큰 마을, 작은 마을 모두 워낙 바쁜 관계로 부모님들이 함께 갈 수가 없었다. 그래서 두 마을 젊은이들이 서로 힘을 박물관에 가기로 했던 것이다. 단순히 박물관에 가는 것만 함께하는 게 아니었다. 박물관 가기 전 조사부터 다 함께 해 나가기로 했다.

"먼저 박물관이 어디에 있는지 검색해 보자."

"그래, 위치를 알고 어떻게 가는지 알아보는 게 순서겠지. 그리고 프린트를 해 두자."

"아, 잊지 말고 전화번호는 꼭 적어 둬! 혹시라도 길 잃었을 때 전화가 상당히 도움이 되더라고."

젊은이들은 차근차근 박물관 관람 준비를 해 나갔다. 이 과정에서도 젊은이들이 배우는 것은 엄청났다. 이렇게 하나씩 스스로가 알아 가는 것도 이 모임의 취지 가운데 하나였다.

드디어 젊은이들은 박물관에 도착했다. 준비를 알차게 했던 터라 박물관 관람 또한 알차게 할 수 있었다.

"확실히 여럿이 뭉치니까 뭐든지 쉽게 할 수 있고, 또 남는 것도 많은데."

"응, 나도 같은 생각이야. 혼자였으면 박물관 관람 같은 건 꿈도 못 꿨을 거야. 대충 인터넷 검색해서 숙제를 내고 말았을걸."

"이게 바로 생생한 현장 교육 아니겠어?"

젊은이들은 이번 모임도 꽤 만족스러운 눈치였다. 더군다나 학습 효과까지 뛰어났으니 만족도는 평소보다 두 배는 높은 것 같았다.

이렇게 날이 갈수록 모임은 더 알차게 성장했다. 내용도 다양해

졌고, 모임의 인원도 늘어났다. 그렇게 알차게 잘나가던 모임에서 이번에는 경기를 한번 해 보기로 했다. 경기 제목은 '원형 트랙 두 바퀴 돌기' 였다.

"땅!"

땅 소리와 함께 차가 출발했다. 그런데 이상하게도 그 순간 큰 마을 차는 꼼짝도 하지 않았다. 아무래도 엔진에 이상이 생긴 것 같았다. 큰 마을 차에 탄 선수는 어찌할 바를 모르고 계속 여기저기 만지작거리고 있었다. 작은 마을 차가 한참을 달린 뒤에야 큰 마을 차가 서서히 움직이기 시작했다. 작은 마을의 차가 먼저 한바퀴를 돌았다. 이때의 속력이 시속 60킬로미터였다. 얼마 뒤 큰 마을 차도 한바퀴를 돌았다. 큰 마을 차가 1바퀴를 돈 그때의 평균 속력은 시속 30킬로미터였다.

이렇게 되자 경기 진행 요원은 더 이상 시합을 진행할 의미가 없다고 판단하고는 작은 마을의 승리를 선언했다.

당연히 큰 마을에서는 억울하다는 소리가 나왔다. 큰 마을 젊은이들은 판정에 승복할 수 없다며 경기 진행 요원에게 조목조목 따지고 들었다. 하지만 경기 자체가 지루하고 피곤했던 경기 진행 요원은 도무지 큰 마을 젊은이들의 이야기를 들으려고도 하지 않았다. 두 마을 젊은이들은 잘못하다간 지금까지 다져 온 우애마저 깨질지 모른단 생각을 하기에 이르렀다. 그래서 수학법정으로 이 문제를 가져가기로 했다.

속력의 공식을 활용하면 쉽게 시간을 구할 수 있습니다.
즉 이동한 거리를 자동차의 속력으로 나누면
이동하는 데 걸린 시간이 나옵니다.

여기는 수학법정

큰 마을 차와 작은 마을 차 중 어느 차가 빨랐을까요?

수학법정에서 알아봅시다.

자, 재판을 시작합니다. 수치 변호사부터 의견 말씀하세요.

스포츠의 묘미는 뭐니 뭐니 해도 역전의 짜릿함에 있는 것입니다. 달리기도 꼴찌로 달리다가 막판 힘내기를 해서 1등으로 역전 골인할 수 있는 거고, 야구도 9회 말 투 아웃까지 7 대 0으로 지고 있다가 만루 홈런 두 방으로 7 대 8로 역전할 수 있는 거지요. 또 찢어지게 가난하게 살다가 로또 복권 한 방으로 인생 대역전이 될 수도 있고요.

수치 변호사, 지금 무슨 말을 하고 싶은 겁니까?

그러니까 제 말은요, 왜 경기 진행 요원이 임의로 경기를 끝내 버렸냐 하는 거죠. 역전할 수도 있다니까요.

알겠어요. 그럼 매쓰 변호사 의견 말씀해 주세요.

저는 속력연구소의 이빨라 소장을 증인으로 요청해 설명을 듣기로 하겠습니다.

러닝복 차림의 30대 남자가 법정으로 뛰어 들어와 증인석에 앉았다.

증인은 이번 사건의 참고인이기도 했지요?

네, 의뢰를 받아 조사한 적이 있습니다.

경기 진행을 계속해야 했나요?

아니에요. 경기는 이미 끝난 상태였습니다.

그게 무슨 말씀이죠?

큰 마을 차가 속력을 아무리 낸다 해도 작은 마을 차를 이길 수 없단 뜻이지요.

그건 왜죠? 트랙 둘레의 길이도 모르잖아요?

이런 문제는 트랙 둘레의 길이와는 아무 상관이 없습니다. 예를 들어 트랙 둘레의 길이를 60킬로미터라고 해 보세요. 작은 마을 차의 속력이 시속 60킬로미터였고 60킬로미터 트랙을 두 바퀴 돈 거리는 120킬로미터니까, 120÷60 = 2. 작은 마을 차가 트랙을 두 바퀴를 도는 데 걸리는 시간은 2시간이에요.

그럼 큰 마을은요?

큰 마을 차가 첫 번째 한 바퀴를 도는 데 걸린 시간을 구해 보죠. 큰 마을 차의 속력이 시속 30킬로미터였으니까 60÷30 = 2, 즉 2시간이 걸린 거예요. 다시 말해 작은 마을 차가 두 바퀴를 돌아 골인하는 순간 큰 마을 차는 한 바퀴만 돌게 됩니다. 그러니까 큰 마을 차가 나머지 한 바퀴를 어떤 속력으로 달린다 해도 큰 마을 차는 작은 마을 차를 따라잡을 수 없습니다.

하지만 이 공식은 트랙의 둘레를 60킬로미터라고 가정할 때에만 성립하는 거 아닌가요?

그렇지 않습니다. 일반적으로 풀어 보죠. 트랙 둘레의 길이를 L이라 하면 작은 마을 차가 두 바퀴를 도는 데 걸리는 시간은 $\frac{2L}{60}$시간이 되지요. 그리고 큰 마을 차가 한 바퀴를 도는 데 걸리는 시간은 $\frac{L}{30}$시간이 되잖아요? 그런데 $\frac{2L}{60}=\frac{L}{30}$이므로 작은 마을 차가 결승점에 골인하는 순간 큰 마을 차는 1바퀴만 돌게 됩니다. 그러니까 큰 마을 차는 아무리 해도 작은 마을 차를 이길 수 없는 것이지요.

그렇군요.

그럼 경기 진행 요원의 결정이 옳았네요. 큰 마을의 주장은 아무 이유가 없다고 여겨지므로 작은 마을의 승리를 선언합니다.

속력

속력은 같은 시간 동안 얼마의 거리를 움직이는가를 나타내는 양입니다. 그러니까 속력은 '움직인 거리'를 '걸린 시간'으로 나눈 값입니다.

그렇다면 왜 나누는 걸까요? 예를 들어 철수가 100미터를 10초에 달렸고, 하니가 200미터를 25초에 달렸다고 해 봅시다. 누가 더 빠른가요? 달린 거리도 다르고 걸린 시간도 달라서 잘 모르겠지요? 이렇게 두 사람이 달린 거리가 다르니까 걸린 시간만 가지고는 서로 비교를 할 수가 없습니다. 따라서 두 사람이 같은 시간 동안 달려간 거리를 비교해야 해요.

그럼 두 사람이 1초 동안 움직인 거리를 비교해 보죠. 비례식을 세우면 쉽게 알 수 있답니다.

철수는 100미터를 10초에 뛰니까 1초 동안 뛴 거리를 □라고 하면 다음과 같습니다.

100미터 : 10초 = □미터 : 1초

□ = 10

따라서 철수가 달린 속력은 초속 10미터입니다.

하니는 200미터를 25초에 뛰니까 비례식은 다음과 같습니다.

200미터 : 25초 = □ 미터 : 1초

□ = 8

그러므로 하니가 달리는 속력은 초속 8미터가 되는 거예요.

자, 누구의 속력이 더 큰가요? 철수의 속력이 더 큽니다. 그러니까 철수가 더 빠른 거예요. 이제 속력이 왜 비례식하고 관계가 있는지 알겠지요?

다음 그림에서의 문제를 봅시다.

또 다른 문제를 봅시다.

스피드 군과 에버 양이 바닷가 모래사장에서 서로를 마주 보며 멀찌감치 서 있습니다. 두 사람 사이의 거리는 200미터이고, 두 사람은 똑같이 초속 10미터의 속력으로 서로를 향해 뛰기 시작했습니다. 그 순간 에버 양의 이마에 붙어 있던 파리가 스피드 군의 이마를 향해 날아가 부딪친 뒤 다시 에버 양의 이마로 날아가 앉았습니다. 파리는 이렇게 두 사람의 이마 사이를 왔다 갔다 했지요. 드디어 스피드 군과 에버 양은 꼭 끌어안았는데, 그 순간 파리는 두 사람의 이마에 끼어 죽었습니다. 파리의 속력이 초속 20미터라고 할 때 파리가 에버 양의 이마를 처음 출발해 죽을 때까지 움직인 거리는 얼마일까요?

두 사람이 뛰기 시작한 지 얼마 만에 충돌하는지만 알면 풀 수 있는 문제입니다. 두 사람의 속력이 초속 10미터니까 두 사람은 10초 뒤에 충돌하게 됩니다. 그러니까 파리도 죽기 전까지 10초 동안만 움직일 수 있었겠지요. 파리의 속력은 초속 20미터니까 $20 \times 10 = 200$이므로 파리는 200미터를 움직인 거예요.

제5장

농도에 관한 사건

농도 ① - 아까보다 덜 달잖아?

농도 ② - 소금을 얼마나 넣은 거야?

아까보다 덜 달잖아?

설탕물의 농도를 정확히 맞히는 방법은 무엇일까요?

과학공화국 동부에 있는 세미롤 마을에서 까르미 씨를 모르는 사람이 없었다. 까르미 씨는 깐깐하고 까다롭기로 마을에 소문이 자자한 20대 젊은 여자였다. 젊은 나이에 세미롤 마을 땅의 3분의 2를 가지고 있을 만큼 엄청난 부자이기도 했다. 그래서 그런지 그녀의 밑도끝도없는 도도함과 깐깐함은 마을 사람들의 입에서 입을 타고 온 마을에 퍼져 있었다.

땅 부자였으니 까르미 씨의 집은 오죽이나 넓었겠는가! 하지만 그 넓은 집에서 늘 혼자 지내는 까르미 씨는 온통 외롭다는 생각뿐이었다.

그러던 어느 날, 넓은 집도 청소해 주고, 자기 말동무도 되어 줄 하인을 고용해야겠다고 마음먹기에 이르렀다. 까르미 씨는 당장 구인 광고를 냈다. 물론 그녀의 까다로움이 널리 알려져 있었던 터라 선뜻 하인으로 일하겠다는 사람은 없었다.

그러던 중, 고요한 씨가 광고를 보고 까르미 씨를 찾아왔다. 조용하고 믿음직스런 고요한 씨가 나쁘지 않았기에 그녀는 흔쾌히 허락했다.

그런데 까르미 씨는 아침마다 거르지 않고 하는 일이 하나 있었다. 아침이면 꼭 농도 50퍼센트의 설탕물을 마셨던 것이다.

까르미 씨는 고요한 씨가 새로운 하인이 되자마자, 설탕물 이야기부터 꺼냈다.

"난 아침마다 농도를 딱 50퍼센트로 맞춘 설탕물을 마셔요. 젊음을 유지하는 비결 가운데 하나죠."

"네, 그러지요."

"지금 당장 타 오란 말이에요! 고요한 씨, 사람이 눈치가 있어야지요!"

"네, 그러지요."

고요한 씨는 원래 말수가 적고 자기 생각을 잘 표현하지 않았다. 그래서 까르미 씨가 하는 말을 무조건 따랐고, 고작 하는 말이라곤 '네, 그러지요' 뿐이었다.

고요한 씨는 까르미 씨가 말한 대로 50퍼센트 농도의 설탕물을 타러 부엌으로 갔다. 그러고는 채 1분도 지나지 않아 따뜻한 설탕물 100그램을 들고 나타났다.

"까르미 씨, 여기 설탕물입니다."

"음, 빨라서 좋네요. 어디…… 아니, 겨우 요만큼 타 온 거예요. 양이 너무 적잖아요. 내 피부가 고작 이 정도 설탕물에 유지될 것 같아요. 지금 양의 2배가 되게끔 다시 타 오세요."

"네, 그러지요."

까르미 씨의 까다로움에 화가 날 법도 한데 고요한 씨는 묵묵히 부엌으로 들어갔다.

'음, 아까 설탕물을 100그램 타 갔으니, 이번에 50퍼센트의 설탕물을 만들려면 물 100그램에 설탕 50그램을 넣으면 되겠구나.'

고요한 씨는 조용히 컵에 물 100그램을 붓고 설탕 50그램을 탄 뒤, 까르미 씨에게 가져갔다.

"고마워요. 이제야 양이 맘에 드네. 어디 제대로 타 왔는지 한번 먹어 볼까나."

고요한 씨는 옆에서 까르미 씨가 설탕물을 마시는 모습을 조용히 지켜보고 있었다. 그런데 설탕물을 한 모금 꼴깍 삼키던 까르미 씨의 얼굴이 굳어졌다.

"뭐예요?! 지금 나한테 장난쳐요? 분명 50퍼센트 농도의 설탕물이어야만 된다고 말했죠. 근데 이게 뭐예요? 덜 달잖아요!"

"아, 아니…… 그, 그럴 리가……."

고요한 씨는 당황했는지 얼굴을 붉혔다. 그의 계산대로라면 완벽한 농도 50퍼센트의 설탕물이어야 했다.

"설탕물 하나 제대로 타지 못하는 하인은 필요 없어요. 오늘부로 당신을 해고하겠어요."

"아니, 저……."

고요한 씨는 단 하루 만에 까르미 씨 집에서 해고를 당했다.

집으로 돌아가는 길에 아무리 생각해 보아도 이해가 되질 않았다. 자기 계산으로는 딱 맞는 50퍼센트 농도의 설탕물이 틀림없었던 것이다. 그는 까르미 씨가 자기를 하루 동안 부려먹으려고 일부러 일을 꾸민 거라고 생각했다. 고요한 씨는 곰곰이 생각에 잠겼다가 불현듯이 어디론가 향했다. 고요한 씨가 도착한 곳은 수학법정! 그는 부당 해고를 이유로 까르미 씨를 수학법정에 고소하기로 했다.

설탕물의 농도는 설탕물에 대한 설탕 양의 퍼센트 비율입니다.
따라서 50퍼센트 농도의 설탕물 100그램 속에는
설탕이 50그램 들어가야 합니다.

여기는 수학법정

50퍼센트의 설탕물 100그램 속에는 설탕이 몇 그램이나 들어 있을까요?

수학법정에서 알아봅시다.

재판을 시작합니다. 먼저 원고 측 변론하세요.

50퍼센트의 설탕물 100그램이라면 물 100그램에 설탕 50그램, 그럼 설탕물 50퍼센트 맞잖아요? 그런데 뭐가 이상하단 거죠? 저는 고요한 씨가 까르미 씨의 요구를 제대로 이행했으므로 해고될 이유가 없다고 생각합니다.

피고 측 변론하세요.

물론 그렇게 생각하기 쉽습니다. 그렇지만 그건 농도에 대해 모르고 하는 말이지요.

농도의 정확한 정의가 뭡니까?

예를 들어 설탕물의 농도는 설탕물에 대한 설탕 양의 퍼센트 비율입니다.

좀 더 알기 쉽게 설명해 보세요.

예를 들어 설탕이 10그램이고 물이 90그램이면 설탕물은 몇 그램이죠?

그야 100그램이죠.

그러니까 이 설탕물의 농도는 $\frac{10}{100} \times 100 = 10$, 즉 10퍼센트

가 됩니다.

그럼 50퍼센트의 설탕물 100그램 속에는 설탕이 얼마 들어 있는 거죠?

그야 설탕이 50그램이고 물이 50그램이지요.

그렇다면 고요한 씨가 농도에 대해 잘못 알고 있었던 거군요.

그렇습니다. 50퍼센트 설탕물 100그램을 똑같은 농도로 2배의 양으로 만들려면 50그램의 설탕과 50그램의 물을 부어야 합니다. 그러면 설탕의 양은 100그램이 되고 설탕물의 양은 200그램이 되어 농도가 그대로 50퍼센트가 되지요. 하지만 고요한 씨는 50퍼센트 설탕물 100그램에 물 100그램과 설탕 50그램을 넣었습니다. 그러므로 이 설탕물은 설탕 100그램과 물 150그램이 되지요. 그러면 이 설탕물의 농도는 $\frac{100}{250}\times100 = 40$이 되므로 농도가 40퍼센트로 낮아집니다. 그래서 까르미 씨가 덜 달다고 주장한 거지요.

까르미 씨가 덜 달다고 할 만한 이유가 있었군요. 농도가 10퍼센트나 낮아졌으니 말입니다. 그렇다면 고요한 씨의 해고는 수학적으로 정당하다고 할 수밖에 없습니다.

농도

농도란 일정 질량이나 부피 등에 대해 설탕이나 소금 등 녹아 있는 물질이 얼마나 많이 포함되어 있는지 나타내 주는 값으로, 주로 '퍼센트 농도'라고 표현한다. 용액 100그램 속에 녹아 있는 용질의 그램수로서 퍼센트(%)로 나타낸다. 물 95그램에 소금 5그램을 녹인 용액은, 용액 100그램에 소금 5그램이 녹아 있으므로 5퍼센트의 소금물이라고 할 수 있다.

소금을 얼마나 넣은 거야?

왕소금 씨가 마신 소금물의 농도는 얼마일까요?

"소금이 인체에 좋다는 연구 결과가 나왔습니다. 보도에 이소금 기자입니다."

"소금이 몸에 있는 독성분을 빼낸다는 연구 결과가 학회지에 실렸습니다. 소금은 소독 역할이 뛰어나서 몸 속에 있는 나쁜 균들을 죽여 몸을 깨끗하게 해 준다고 합니다. 나박사 선생님께서는 오랫동안 소금 연구에 몸담아 오신 분으로, 소금에 있어서는 권위자로 정평이 나 있습니다. 이분의 연구 결과가 세계적인 학회지에 실리자, 벌써부터 소금 소비가 급증하고 있습니다. 이상 이소금 기자였습니다."

과학공화국에 이와 같은 보도가 나온 뒤로 소금에 대한 수요가 늘어났음은 물론, 시원한 소금물을 판매하는 가게들도 생겨났다. 최근 소금물 카페를 차린 김염 씨는 살짝 어리바리한 종업원 이실수 씨를 고용했다.

'이실수 씨, 괜찮을까? 워낙에 일하겠다는 사람이 없어서 채용하기는 했는데, 아무래도 좀 두고 보면서 계속 쓸지 말지 결정해야겠어.'

김염 씨의 소금물 카페는 바다 분위기가 물씬 풍기는 곳이었다. 바다 분위기의 인테리어에 카페 곳곳을 소금으로 장식해서 신비한 분위기마저 감돌았다. 무엇보다 환상적인 컵에 시원한 소금물을 담아 내는 까닭에 장사 잘되기로 소문이 자자했다.

그러던 어느 날, 비교적 덜 짠 소금물을 즐겨 먹는 왕소금 씨가 김염 씨의 카페를 찾았다.

"여기 소금물 400그램 주세요."

왕소금 씨가 소금물을 주문했다.

그러자 이실수 씨가 그에게 물었다.

"농도는요?"

"음…… 1퍼센트 정도면 되겠는걸."

주방으로 들어간 이실수 씨는 1퍼센트 농도의 소금물을 만들다가 실수로 그만 소금 통을 놓치고 말았다.

'조금 더 들어갔다고 해서 농도가 크게 변하는 건 아니겠지?'

이실수 씨는 이렇게 생각하고는 그 소금물을 그냥 왕소금 씨에게 내놓았다.

왕소금 씨는 소금물을 한 모금 들이켰다.

"우웩! 너무 짜잖아? 이게 1퍼센트라고?"

왕소금 씨는 고통스러워하며 소리소리 질러 댔다.

"죄송합니다. 실수로 소금을 아주 쪼금 흘렸습니다."

이실수 씨는 정중하게 사과했다.

"아주 쪼금 흘렸다면서 왜 이렇게 짠 거야? 소금을 왕창 들이부은 거지?"

"정말 쪼금밖에 안 흘렸다니까요."

왕소금 씨와 이실수 씨는 이렇게 옥신각신했다. 왕소금 씨는 도저히 참을 수 없다며 먹다 남은 소금물을 경찰에 증거로 제시하고는 이실수 씨를 수학법정에 고소했다.

소금물은 물에 소금이 녹아 있는 것입니다.
이렇게 물 속에 다른 고체 물질이 녹아 있는 것을
'용액'이라고 합니다.

여기는 수학법정

이실수 씨가 흘린 소금은 몇 그램일까요?
수학법정에서 알아봅시다.

자, 재판을 시작합니다. 피고 측 변론하세요.

소금물 400그램에 소금이 조금 더 들어갔다고 농도가 팍팍 변하겠습니까? 그리고 소금물은 짜라고 먹는 거지? 짜잔하게 1퍼센트가 뭡니까? 최소 10퍼센트 이상은 되어야지요.

그건 개인 식성이에요, 수치 변호사.

그럼 변론은 이걸로 마칠게요.

원고 측 변론하세요.

저는 왕소금 씨가 마시다 남긴 소금물의 농도를 측정한 국립 농도연구소의 이진해 박사를 증인으로 요청합니다.

볼에 주근깨가 잔뜩 난 30대 후반의 남자가 증인석에 앉았다.

증인이 왕소금 씨가 먹다 남긴 소금물의 농도를 측정했지요?

네.

농도가 얼마였나요?

12퍼센트였습니다.

그럼 도대체 이실수 씨가 소금을 얼마나 흘린 겁니까?

간단한 방정식으로 흘린 소금의 양을 알아낼 수 있습니다.

어떻게 하는 거죠?

먼저 1퍼센트 소금물 400그램 속에는 소금이 4그램 들어 있습니다. 이제 이실수 씨가 흘린 소금의 양을 □라고 해 보죠. 그럼 왕소금 씨가 마신 소금물에 들어 있는 소금의 양은 얼마일까요?

4+□.

소금 □그램이 추가되면 소금물의 양은 (400+□)그램이 됩니다. 왕소금 씨가 먹다 남긴 소금물의 농도가 12퍼센트였으므로 여기서 소금의 양은 $(400+\square)\times\frac{12}{100}$ 가 됩니다. 이것과 4+□가 같아야 하므로 $(400+\square)\times\frac{12}{100} = 4+\square$라는 방정식이 성립하는데, 이 식을 풀어 □를 구하면 □ = 50이 됩니다. 그러니까 이실수 씨가 흘린 소금의 양은 50그램입니다.

많이도 흘렸군요. 존경하는 재판장님, 이실수 씨는 원래 넣어야 하는 소금의 양인 4그램의 10배도 넘는 양을 흘리고도 새로 소금물을 타지 않고 그냥 손님에게 제공했습니다. 이는 손님에 대한 종업원의 기본자세를 갖추지 못한 것으로 해석할 수 있습니다. 그러므로 카페 측의 유죄를 주장합니다.

원고 측 의견이 옳습니다. 이번 소금물 사건은 원고인 왕소금 씨의 승소로 마치겠습니다.

농도

농도를 정의하려면 '용액'이라는 용어를 알아야 해요. 소금물은 물에 소금이 녹아 있는 것입니다. 이렇게 물 속에 다른 고체 물질이 녹아 있는 것을 '용액'이라고 불러요. 그럼 소금물 용액의 농도는 어떻게 정의할까요?

다음과 같이 정의한답니다. 문제를 볼까요?

$$\text{소금물의 농도(\%)} = \frac{\text{소금의 양}}{\text{소금물의 양}} \times 100$$

이 공식은 어디에서 나왔을까요? 예를 들어 보죠. 소금물 200그램에 소금이 40그램 녹아 있다고 하면 소금물 100그램에는 소금이 몇 그램 녹아 있을까요? 그 소금의 양을 □라고 하고, 다음과 같이 비례식을 세우면 됩니다.

$$200 : 40 = 100 : \square$$

여기서 □를 구해 봅시다. 비례식에서 내항의 곱과 외항의 곱과 같으므로 $200 \times \square = 40 \times 100$입니다.

따라서 □ = $\frac{40}{200} \times 100$ 이 되지요. 여기서 40은 소금의 양이고 200은 소금물의 양입니다. 이렇게 하니까 농도의 공식이 쉽게 이해되지요?

이때 소금의 양은 다음과 같은 공식으로 구할 수 있습니다.

$$\text{소금의 양} = \frac{\text{퍼센트 농도}}{100} \times \text{소금물의 양}$$

제6장

함수에 관한 사건

함수 – 다이아몬드의 값

비교 ① – 어느 게 더 무거울까?

비교 ② – 무거운 주머니 찾기

가우스 함수 – 택시의 요금 체계

최소 비용의 원리 – 가장 가까운 창고는?

대응 – 답은 한 개만!

다이아몬드의 값

다이아몬드 값은 왜 무게의 제곱에 비례할까요?

"역시 보석은 사람을 한결 빛나게 해."

오늘도 한사치 씨는 백화점을 샅샅이 훑으며 보석을 사들이느라 바빴다. 이미 한사치 씨는 온몸에 보석을 잔뜩 휘감고 있어서 걷는 것마저 위태로워 보일 지경이었다. 하지만 보석에 대한 욕심이 남달랐던 한사치 씨인지라 보석 모으기를 도저히 멈출 수가 없었다.

특히나 한사치 씨는 세계의 진귀한 보석이라면 정신을 잃을 정도였다. 최근 그녀가 열을 올리고 있는 수집 품목은 다이아몬드였다. 그녀는 이 세상에서 제일 큰 다이아몬드를 갖고 싶어했다. 하지만 오늘도 원하는 다이아몬드는 구하지 못한 채 다른 보석들만 잔뜩 사 가지고 집으로 돌아왔다.

때마침 한사치 씨의 단골 보석상 주인이 커다란 다이아몬드를 구했다며 그녀를 찾아왔다.

"마침내 무지무지 큰 다이아몬드를 구했어요."

보석상 주얼리 씨가 말했다.

"드디어 구했군요! 흑흑, 내가 얼마나 그리던 건데요. 얼마죠?"

한사치 씨가 눈을 동그랗게 뜨고 물었다.

"다이아몬드 값은 무게의 제곱에 비례한다는 거, 아시죠?"

"물론, 당연하죠."

"그래서 좀 비싸다는 사실도요?"

"그니깐 얼마면 되냐고요?"

"120만 달란이에요."

"뭐 그 정도쯤이야. 좋아요. 당장 사겠어요."

이렇게 해서 두 사람의 거래를 일사천리로 진행되었다.

드디어 꿈에 그리던 다이아몬드를 가지고 오는 날. 한사치 씨는 다이아몬드가 6조각으로 나누어져 있다는 사실을 알게 되었다.

"왜 한 덩이가 아니고 6조각이죠?"

"그래도 무게는 같잖아요?"

"이 사람이 지금 날 데리고 장난하나?"

"왜 그러세요?"

"커다란 한 덩이 다이아몬드를 원한다고 내가 누누이 말했을 텐데요."

한사치 씨가 헛웃음을 지으며 말했다.

"이 6조각 하나하나도 예사 크기는 아니라고요."

"난 돈 못 줘요. 도로 가져가요!"

"그런 게 어디 있습니까? 당신 때문에 다른 사람한테 팔지도 못하고 두었단 말입니다."

한사치 씨와 주얼리 씨는 한동안 실랑이를 벌였다. 하지만 6조각으로 갈라진 다이아몬드를 120만 달란이란 큰돈을 내고 사기에는 아무래도 찜찜했다. 한사치 씨는 수학법정에 이 문제를 의뢰했다.

다이아몬드 값은 무게의 제곱에 비례합니다.
그러니까 1그램짜리가 1달란이라면 2그램짜리 다이아몬드는
2달란이 아니라 4달란이 됩니다.

여기는 수학법정

6개로 갈라진 다이아몬드 값이 커다란 한 덩이의 다이아몬드 값과 같을까요?
수학법정에서 알아봅시다.

재판을 시작합니다. 먼저 주얼리 씨 측 변론하세요.

6개의 조각으로 나누어져 있다 해도 합치면 하나의 무게와 다르지 않습니다. 그러므로 다이아몬드 값은 달라지지 않으므로 한사치 씨가 주얼리 씨에게 약속한 120만 달란을 주어야 한다는 것이 저의 생각입니다.

한사치 씨 측 변론하세요.

과연 그럴까요?

매쓰 변호사! 그거 유행어입니까?

습관이지요.

아무튼 변론 계속하세요.

다이아몬드 값은 무게의 제곱에 비례합니다. 그러니까 1그램짜리가 1달란이라면 2그램짜리 다이아몬드는 2달란이 아니라 4달란이 되지요. 즉 덩치가 크면 클수록 곱절로 비싸진단 말입니다.

그럼 이번 문제는?

마찬가지입니다. 1조각의 무게를 1이라고 합시다. 그러면 6

조각의 다이아몬드의 값은 6에 비례합니다.

그럼 6조각이 한 덩이였다면 어떻게 되지요?

그때 무게가 얼마가 되지요?

1조각이 1이라고 했으니까 6이 되겠지요.

만일 이 다이아몬드가 한 덩이였다면 값은 6의 제곱인 36에 비례하게 됩니다. 그러므로 다이아몬드가 6조각으로 갈라져 있을 때와 한 덩이를 이루고 있을 때의 값의 비는 6 : 36 = 1 : 6이 되지요. 그러므로 한 덩이를 이루고 있는 다이아몬드 값이 120만 달란이라면 6개로 갈라진 다이아몬드 값의 합은 그 값의 6분의 1인 20만 달란이 되는 것입니다.

명쾌해졌습니다. 제곱에 비례하는 경우에는 우리가 알고 있는 것과 다른 결과가 나오는군요. 그러므로 한사치 씨가 20만 달란에 다이아몬드 6조각을 모두 구입할 수 있는 것으로 판결합니다.

제곱에 비례하는 경우

1. 원의 면적은 원의 반지름의 제곱에 비례한다.
2. 표면적의 증가량은 길이의 제곱에 비례(부피의 증가량은 길이의 세제곱에 비례)한다.
3. 이동 거리는 시간의 제곱에 비례한다.

어느 게 더 무거울까?

사과 한 개의 무게와 토마토 한 개의 무게는 왜 같을까요?

"이번에 말이야, 새로운 과일 가게가 생겼는데, 파는 방법이 아주 신선하더라고."

"오잉? 어떻게 팔기에 당신 같은 사람이 신선하다는 말을 다 쓰고 그래?"

"그러게. 나처럼 까다로운 사람 눈에 들기 어려운데 창의력이 아주 뛰어나."

"어떻게 파는데? 어서 말해 봐. 궁금해 죽겠어."

"과일 종류에 상관없이 무게에 따라 팔지 뭐야. 괜찮지 않아?"

과일 종류에 상관없이 무게에 비례하여 값을 정하는 신기한 과일 가게의 등장에 어바리 씨와 그의 친구는 마냥 신기해하고 있었다.

"한번 가 봐야겠는걸. 가벼운 과일을 사는 게 더 이익일까?"

"그러게. 아무튼 재미있는 가게야."

이들이 말하고 있는 과일 가게의 주인 청과물 씨는 사과, 배, 토마토 같은 과일을 다른 집과는 다른 신선한 방식으로 판매했다. 이를테면 무거울수록 비싼 과일이 되는 식이다. 물론 과일의 품질은 최상급이었다. 품질도 좋은데다 새로운 판매 방식까지 더해져서 하루가 다르게 손님들이 모여들었다.

그러던 어느 날, 청과물 씨는 커다란 양팔저울의 왼쪽에는 사과 27개와 토마토 34개를 올려놓고 오른쪽에는 사과 28개와 토마토 33개를 올려놓았다.

그랬더니 양팔저울이 평형을 이루었다. 때마침 어바리 씨가 청과물 씨 가게를 찾았다.

"사과가 비싼가요? 토마토가 비싼가요?"

"값이 같습니다."

"어째서죠?"

"지금 저울을 보시면 알 거 아닙니까?"

"이봐요. 이렇게 사과와 토마토가 많은데 어떻게 사과의 무게와 토마토의 무게를 비교할 수 있나요? 그러지 말고 사과 한 개의 무게와 토마토 한 개의 무게를 알려 주세요."

"같다니까요."

청과물 씨는 계속 똑같은 소리만 했다.

"새로운 방식으로 과일을 판다기에 기분 좋게 한번 와 봤는데, 순 엉터리 아냐?"

"무슨 말씀을 그렇게 하시죠?"

"그러니까 한 가지 과일 한 개씩, 이렇게 차근차근 무게를 비교해 줘야죠!"

"난 그렇게 못해요. 사기 싫으면 그냥 가시든지."

청과물 씨의 대책 없는 태도에 어바리 씨는 화가 머리끝까지 치밀었다. 어바리 씨는 청과물 씨가 수학을 잘 모르는 사람들을 속여 과일 값을 더 비싸게 받으려 한다며 그를 수학법정에 고소했다.

수평을 이루고 있는 저울에서 같은 무게의 물건을
같은 개수만큼 빼도 저울의 수평은 달라지지 않습니다.

여기는 수학법정

과연 사과 값과 토마토 값은 같을까요?
수학법정에서 알아봅시다.

재판을 시작하겠습니다. 원고 측 변론하세요.

사과와 토마토를 양쪽에 많이 올려놓고 사과의 무게와 토마토의 무게가 같다고 주장하다니, 아무리 생각해도 냄새가 납니다.

무슨 냄새가 난다는 거예요?

오랜 변론 경험을 통해서만 느낄 수 있는 사기꾼 냄새, 음~!

확실한 근거가 있는 얘기입니까?

물론……, 근거는 없지요.

그럼 집어치우세요. 피고 측 변론 듣겠습니다.

청과물 씨를 증인으로 요청합니다.

누가 봐도 청과물 장사꾼의 티가 나는 40대 남자가 증인석으로 걸어왔다.

증인은 왜 그런 장난을 한 거죠?

장난이라니요? 수학을 이용한 것뿐이에요.

무슨 수학을 이용했다는 겁니까?

비교의 수학이라고나 할까요?

그런 수학도 있습니까?

아니요. 지금 막 이름을 붙여 보았어요.

장난치지 말고 성실하게 답변해 주세요.

알겠습니다.

증인은 어떤 근거로 사과의 무게와 토마토의 무게가 같다고 주장하시는 거죠?

아주 간단합니다. 저울 왼쪽에는 사과 27개와 토마토 34개가 있고, 오른쪽에는 사과 28개와 토마토 33개가 있습니다. 저울에서 같은 무게의 물건을 같은 개수만큼 빼도 저울의 수평은 달라지지 않으니까 양쪽에서 사과 27개를 들어내 보세요.

그럼 왼쪽에는 토마토 34개, 오른쪽에는 사과 1개와 토마토 33개가 남는군요.

양팔저울 만들기

① 양팔저울의 밑그림을 그린다. ② 저울대로 쓸 막대(자)의 눈금을 정하고 정확히 가운데를 표시를 한다. ③ 막대의 한가운데 지점을 받침대에 고정시킨다. ④ 받침대에서 같은 거리만큼 떨어진 곳에 같은 무게의 접시를 매단다. ⑤ 한쪽으로 기울면 중심을 이동해 수평이 되도록 맞춘다.

양팔저울이 잘 만들어졌는지 확인하는 방법

그대로 두었을 때 수평이 되어야 하며, 접시 양쪽에 같은 무게의 물체를 올려놓았을 때에도 수평이 되어야 한다. 물론 받침대가 튼튼해서 양팔저울이 흔들리지 않아야 한다.

이제 토마토 33개를 양쪽에서 들어내 보세요.

그럼 왼쪽에는 토마토 1개, 오른쪽에는 사과 1개가 남는군요.

바로 그겁니다! 그럼 토마토 1개와 사과 1개가 저울에서 수평을 이루니까 무게가 같은 거지요.

그렇군요.

간단한 사건이었군요. 판결 또한 간단합니다. 어바리 씨의 주장은 옳지 않고, 청과물 씨의 주장이 옳다는 결론을 내리겠습니다.

무거운 주머니 찾기

저울의 수평을 이용해 어떻게 무거운 주머니를 찾을 수 있을까요?

"당신을 초대합니다. 퍼즐에 자신 있는 당신, 모하나 방송국 퍼즐왕 프로그램의 문을 두드리세요. 문제를 맞힌 당신에게 상금이 돌아갑니다."

며칠 전부터 텔레비전에서 계속 흘러나오고 있는 광고였다. 모하나 방송국에서는 최근에 수학 퍼즐을 이용한 프로그램을 선보였다. 일반인들이 나와서 수학 퍼즐에 도전하는 프로그램인데, 주어진 문제를 사회자의 지시에 따라 알아맞히면 상금을 주는 그런 형식이었다.

수학 퍼즐이라면 날고 긴다는 많은 사람들이 출연 신청을 했다.

이번에는 로직시티에 사는 기무디 씨도 상금을 타겠다는 포부를 안고 신청을 했다.

'나 정도면 이 프로그램에 나갈 만한 자격이 되지 않겠어? 긴장만 하지 않으면 문제없어. 당연히 내가 1등을 차지할 거야.'

운 좋게도 기무디 씨는 방송에 출연하게 되었다.

첫 방송이니 만큼 무대 위에서 부들부들 떨고 있는 기무디 씨에게 사회자가 부드럽게 미소를 지으며 말했다.

"기무디 씨, 긴장 푸세요. 문제가 아주 쉬우니까요."

"아, 아, 알겠습니다."

기무디 씨는 기어들어가는 목소리로 겨우 더듬거렸다.

"여러분 로직시티에 사는 기무디 씨가 도전합니다. 지금 기무디 씨 앞에는 주머니 8개가 있습니다. 7개는 같은 무게이지만, 나머지 1개는 다른 주머니들보다 무겁습니다. 양팔저울을 딱 두 번만 이용해서 무거운 주머니를 찾는 것이 기무디 씨의 과제입니다. 모두 기무디 씨의 성공을 기원하는 박수를 부탁드립니다."

사회자의 말이 끝나기 무섭게 방청석에서 우레와 같은 박수가 터져 나왔다. 하지만 기무디 씨의 머릿속은 점점 더 복잡해져만 갔다.

'차분하게 생각해. 후! 후! 후! 심호흡을 하고…… 천천히…….'

사람들의 박수와 뜨거운 조명에 긴장했던 자신을 다독이며 기무디 씨가 천천히 문제를 풀기 시작했다.

한참을 고민하던 기무디 씨는 마침내 주머니 2개를 집어 들어 양팔저울의 양쪽 접시 위에 올려놓았다. 그러나 저울은 수평을 이루었다. 기무디 씨는 그중 1개를 내려놓고, 다른 주머니를 올려놓았다. 야속하게도 저울은 여전히 수평이었다.

기무디 씨는 양팔저울을 사용할 수 있는 기회를 두 번 다 써 버렸지만, 아직 무거운 주머니를 찾진 못했다. 결국 기무디 씨는 남아 있는 주머니 중에서 손에 잡히는 대로 하나를 골라 사회자에게 건넸다.

"네, 이 주머니는 아니군요. 기무디 씨, 아쉽게 탈락입니다."

사회자가 웃으며 말했다.

'이건 말도 안 돼. 주머니 8개의 무게를 비교하려면 저울에 일곱 번은 달아 봐야 한단 말이야. 어떻게 두 번 만에 무거운 주머니를 찾아내라는 거야.'

이렇게 생각한 기무디 씨는 엉터리 문제 출제 혐의로 모하나 방송국을 수학법정에 고소했다.

양쪽 접시가 수평을 이루는 양팔저울을 이용하면
두 번 만에 무거운 주머니를 가릴 수 있습니다.

여기는 수학법정

과연 저울을 두 번만 사용해 무거운 주머니를 가려 낼 수 있을까요?

수학법정에서 알아봅시다.

이번 사건은 아주 흥미롭군요. 자, 재판을 시작합니다. 원고 측부터 변론하세요.

원고의 주장이 옳습니다. 8개의 주머니에 각각 1번부터 8번까지 번호를 매겨 봅시다. 그럼 1번과 2번, 1번과 3번, 1번과 4번, 1번과 5번, 1번과 6번, 1번과 7번, 1번과 8번을 저울에 올려 보아야 무거운 주머니를 찾을 수 있으므로 저울을 일곱 번 사용해야 합니다. 그런데 두 번 만에 찾아내라니요? 이건 말도 안 됩니다. 안 그렇습니까, 재판장님?

두고 보면 알겠지요. 피고 측 변론 듣겠습니다.

두 번이면 충분합니다.

어떻게요?

먼저 주머니를 아무 거나 6개 골라 둘로 나누어 3개씩 양쪽 접시에 올려놓습니다. 이때 양쪽 접시가 수평을 이루면 무거운 주머니는 저울에 올리지 않은 2개의 주머니 중 하나입니다. 그러니까 남은 주머니 2개를 양쪽 접시에 올려놓아 무거운 주머니를 찾으면 됩니다.

만일 수평이 되지 않으면 어떻게 합니까?

그땐 무거운 쪽 주머니 3개에서 손에 잡히는 대로 2개를 골라 양쪽 접시에 올려놓으면 됩니다. 이때 수평을 이루면 남아 있는 하나가 무거운 주머니이고, 수평을 이루지 않으면 기울어진 쪽이 무거운 주머니지요.

오! 정말 두 번으로 끝나네!

놀랍습니다. 수학의 힘이 이렇게 위대하다는 사실을 다시금 깨달았습니다. 이제 원고 측은 아무 이의가 없을 것으로 생각합니다. 수학은 명확한 답을 주는 학문이니까요.

택시의 요금 체계

택시 요금에는 어떤 비율 공식이 숨겨져 있을까요?

"어서 오세요! 손님, 오늘은 날씨가 차죠? 어디로 모실까요?"

"마나탄 시내로 가 주세요."

"네, 편안하게 모시겠습니다."

클레 씨는 과학공화국의 유라탄 시에서 택시를 모는 기사였다. 사람 좋은 클레 씨는 택시에 타는 손님들에게 언제나 친절했다.

그러던 어느 날, 클레 씨의 근무지가 마나탄 시로 발령이 났다. 클레 씨는 그동안 정들었던 유라탄 시를 등지고 마나탄 시에서 새로운 각오로 택시를 몰게 되었다.

마나탄 시는 과학공화국의 여느 도시들과는 달리 얼마 전부터 돈의 단위를 가진 새로운 화폐를 사용하기 시작했다.

돈의 단위는 머니와 실링 두 종류였다. 1실링은 1머니의 100분의 1로, 너무 작은 돈이어서 사람들은 주로 1머니, 5머니, 10머니짜리 지폐를 가지고 다녔다. 그러므로 실링 단위로 요금을 정하면 거스름돈이 많이 생겨 손님들이 불편해지므로 클레 씨는 머니 단위로 요금을 받기로 했다.

하지만 화폐 단위가 다른 마나탄 시에서의 요금 계산은 쉽지가 않았다. 클레 씨는 며칠째 끙끙거리며 요금 계산 방법에 대해 연구했다.

"단순히 거리에만 비례해서 요금을 정하면 요금 체계가 굉장히 복잡해질 거야. 1킬로미터에 1머니만 받을 수 있다면 우리는 손해를 안 볼 테고. 그러니까 1킬로미터마다 1머니씩 올라가도록 하면 될 거야."

이런저런 생각 끝에 클레 씨는 다음과 같은 택시 요금 체계를 완성했다.

0킬로미터 이상, 1킬로미터 미만 : 1머니

1킬로미터 이상, 2킬로미터 미만 : 2머니

2킬로미터 이상, 3킬로미터 미만 : 3머니

이제 클레 씨는 더 이상 요금 문제로 골치 아플 일은 없겠다 싶어 한결 마음이 가벼워졌다. 클레 씨는 택시 앞쪽에 요금표를 붙여 놓았다.

"네, 어디로 모실까요?"

"백화점으로 가 주세요."

"손님, 이 앞에 요금표를 붙여 두었습니다. 참고해 주세요."

손님들은 대부분 별로 따지지 않고 요금을 냈다. 클레 씨의 인상이 워낙 좋았거니와 손님들 역시 별다른 불편을 느끼지 못했던 것이다.

그러던 어느 날, 따지오 씨가 택시를 탔다.

"친절로 모시겠습니다. 어디 가시나요?"

"시립 도서관으로 가 주세요."

"손님, 요금표를 참조해 주세요."

이날 역시 얼굴 가득 싱글벙글 웃음을 띠며 클레 씨가 말했다.

요금표를 유심히 살피던 따지오 씨가 말했다.

"이거, 이러면 손님들이 손해잖아요!"

"그럴 리 없습니다. 저는 정확하게 계산했습니다. 손님을 왕으로 모시는 제가 손님들에게 피해가 갈 요금표를 만들다니요? 이 계산을 하는 데만도 며칠이 걸렸는걸요."

"아니에요. 이건 손님들이 손해를 보는 계산이라고요. 내 말이 틀림없어요."

따지오 씨는 이런 식으로 택시 요금을 받으면 손님들이 손해를 보게 된다고 강력하게 따졌다. 그러곤 수학법정에 이 문제를 물어 시비를 가리기로 했다.

택시 요금을 공식으로 나타내면 $a \leq x < a+1$입니다.
이것은 19세기 최고의 수학자 가우스가 발견한 것으로
가우스 함수 혹은 가우스의 기호라고 부릅니다.

여기는 수학법정

택시 요금 체계는 어떤 함수 관계일까요?
수학법정에서 알아봅시다.

재판을 시작합니다. 먼저 수치 변호사, 변론하세요.

그냥 거리에 비례해서 실링 단위로 받으면 되지, 굳이 이상하게 거리 구간을 나누어서 요금을 받는 클레 씨를 이해할 수 없군요. 그래서 저는 따지오 씨의 주장대로 거리에 비례하여 요금을 받아야 한다고 생각합니다.

매쓰 변호사는요?

택시는 하루 종일 손님을 태우고 온 도시를 다닙니다. 만일 따지오 씨 주장대로 한다면 택시 기사들은 날마다 잔돈을 헤아리느라 무척 고생할 것입니다. 또한 잔돈을 잔뜩 가지고 다녀야 하는 데다 잔돈이 없으면 손님들과 실랑이가 벌어질 수도 있단 말입니다.

그런데 클레 씨의 요금 체계는 어떤 거요? 좀 더 자세히 설명해 줄 수 있습니까?

가우스 함수라는 아주 재미있는 함수입니다.

그게 어떤 함수지요?

함수는 x와 y사이에 관계를 주는 것입니다. 클레 씨의 요금 체계에서 거리를 x로, 요금을 y라고 하면 다음과 같습니다.

x(킬로미터)	:	y(머니)
0 이상 1 미만	:	0+1
1 이상 2 미만	:	1+1
2 이상 3 미만	:	2+1

하지만 $y = x+1$처럼 y와 x 사이의 관계가 성립되지는 않잖아요?

200미터를 킬로미터로 바꾸면 얼마죠?

0.2죠.

거기서 소수점 뒤의 숫자를 빼면 얼마죠?

0.

그럼 300미터는요?

킬로미터로 바꾸면 0.3이고, 소수점 뒤의 숫자를 빼면 0이 되지요.

그럼 해결되었습니다. x가 0 이상 1 미만일 때는 $y = 0+1$이죠? 0 이상 1 미만의 수는 0.2, 0.3 같은 수들이고요. 여기서 소수점 뒤의 수들을 지우면 0이 되거든요. 그리고 x가 1 이상 2 미만일 때는 $y = 1+1$이죠? 1 이상 2 미만의 수는 1.2, 1.3 같은 수들입니다. 여기서 소수점 뒤의 수들을 지우면 1이 되잖아요. 그러니까 y = (x에서 소수점 뒤의 숫자를 지운 수)+1이 되거든요.

허허! 정말 x와 y 사이의 관계가 나왔군요. 무척이나 아름다운 관계식이에요. 이 정도로 아름다운 함수라면 요금 체계로 손색이 없을 것 같습니다. 하루 종일 고생하는 택시 기사들을 위해 승객들이 잔돈 얼마쯤은 희생해야지요. 그러므로 클레 씨의 요금 체계는 무리가 없다고 판결합니다.

가우스 함수

'가우스의 기호'라고 더 널리 알려져 있으며, [x]는 a ≦ x < a+1이 되는 정수 a를 나타낸다. 현재 우편요금과 우편물 중량과의 관계를 나타내는 경우 등에 사용되고 있다.

가장 가까운 창고는?

최소 비용으로 최대의 효과를 내는 창고 위치는 어디일까요?

디아트, 카리스, 클레, 세 명은 친구 사이다. 세 사람은 각자의 집에서 인형을 만들어 판매하는 공동 사업을 하고 있었다.

"이제 우리는 한 배를 탄 몸이야. 서로 의견이 달라도 싸우지 말고 잘 맞추어 가며 그렇게 운영해 나가도록 하자."

"그래, 우리 셋 다 사장님이니깐 세 사람이 돌아가면서 사장 역할을 하면 공평하겠지?"

"어, 그거 좋은 생각이다. 그럼 맨 처음 사장님은 내가 할까? 으흣!"

세 사람은 공평하게 번갈아 사장이 되기로 했다. 그리고 어떻게 하면 회사의 수익을 더 많이 올릴 수 있는지 연구했다.

"우리 상품 완전 대박이야, 대박! 음하하하!"

"우리가 만든 인형이 한 스타일 하다 보니 소비자들도 알아주는 거 아니겠어."

"그런데 인기가 너무 많아도 피곤해. 인형 재어 둘 곳도 마련해야 하고……, 인형 주문량이 많아서 더 만들어 냈더니 인형 창고가 필요해졌거든."

세 사람이 만든 인형이 운 좋게도 히트 상품이 되면서 인형을 쌓아 둘 창고의 필요성이 커졌다.

"우리들 집 가운데 창고로 쓸 만한 곳을 정하는 게 좋지 않을까?"

"그래, 새로 창고를 사는 것보단 그게 경제적이야."

"그럼 누구네 집으로 정할지 찬찬히 생각해 보자."

세 사람의 집은 일직선 도로 위에 있었는데, 카리스의 집이 가장 오른쪽이었고, 왼쪽으로 2킬로미터 가면 디아트의 집, 그리고 거기서 다시 1킬로미터를 가면 클레의 집이었다.

세 사람은 세 집 가운데 어느 집을 창고로 쓸 것인지 논의하려고 디아트의 집에 모였다.

"우리 집이 한가운데 있으니까 우리 집을 창고로 쓰는 게 어때?"

"그럼 디아트만 편하잖아?"

카리스가 퉁명스럽게 말했다.

"우린 인형을 차에 실어서 창고로 옮길 거야. 물론 차의 기름 값은 회사에서 지불해야 하고. 그러니까 우리 집을 창고로 쓰는 게 회사 비용을 가장 절약하는 방법이라고!"

디아트가 설명했다.

"말도 안 돼. 그럼 난 아침마다 2킬로미터나 떨어진 디아트의 집으로 가야 하잖아?"

카리스가 더욱 거세게 따졌다.

세 사람은 모두 자기에게 유리한 위치에 창고를 정하려 했다. 그러다 보니 결정이 쉽지 않았다. 시간이 지체되면 지체될수록 일은 더 꼬이기만 하고, 심지어는 세 사람의 관계마저도 삐걱거리기 시작했다. 친구 사이의 우정까지 흔들리자 세 사람은 창고 위치 결정을 수학법정에 맡기기로 했다.

세 친구의 집에서부터 창고까지의 거리의 합이
제일 작아야 비용을 줄일 수 있습니다. 따라서 한가운데 있는 집을
창고로 쓰는 것이 가장 효율적입니다.

여기는 수학법정

창고의 위치는 어디가 되어야 할까요?
수학법정에서 알아봅시다.

재판을 시작합니다. 수치 변호사부터 의견을 말씀해 보세요.

이건 뭔가 잘못된 것 같습니다만…….

뭐가요?

카리스 씨의 집과 클레 씨의 집이 제일 멀고 그 거리가 3킬로미터니까 그 절반인 1.5킬로미터 지점에 창고를 하나 만드는 게 가장 공평할 것 같은데요.

그럴까요? 매쓰 변호사의 생각은요?

저는 디아트의 의견에 전적으로 동의합니다. 가운데 있는 집을 창고로 이용해야 전체적으로 이동 거리가 짧아져서 비용이 제일 적게 들지요. 그러니까 회사를 위해서 클레 씨와 카리스 씨가 조금 양보를 해야 합니다.

그렇게 말하는 이유는요?

이 문제는 세 집에서부터 창고까지의 거리의 합이 제일 작아야 합니다. 그래야 하루하루 교통비를 아낄 수 있잖아요.

그렇겠군요.

수치 변호사가 말한 위치에 창고를 지으면 카리스 씨가 이동해야 하는 거리는 1.5킬로미터, 디아트 씨가 이동해야 하는 거리는 0.5킬로미터, 클레 씨가 이동해야 하는 거리는 1.5킬로미터입니다. 그러니까 모두가 움직이는 거리의 합은 3.5킬로미터가 돼요.

그럼 디아트 씨의 집을 창고로 쓰면 어떻게 되죠?

디아트의 집을 창고로 쓰면 카리스 씨가 이동하는 거리는 2킬로미터, 클레 씨가 이동하는 거리는 1킬로미터, 디아트 씨가 이동하는 거리는 0킬로미터니까 세 사람이 움직이는 거리의 합은 3킬로미터가 됩니다. 다른 어떤 곳에 창고를 지어도 3킬로미터보다 커지게 되지요. 그러니까 디아트 씨의 집을 창고로 쓰는 것이 회사의 비용을 가장 절약하는 방법입니다.

그렇군요. 그렇다면 디아트 씨의 주장대로 디아트 씨의 집을 창고로 쓰고 세 사람이 좋은 인형을 많이 생산해 모두 부자 되세요. 그럼 이걸로 판결을 마칩니다.

페르마의 점

거리의 합이 최소인 점을 찾는 것은 프랑스의 수학자 페르마(Fermat :1601~1665)에 의해 '삼각형의 각 꼭짓점에서 거리의 합이 가장 작게 되는 점을 구하여라' 라는 질문이 제시되었다.
이 문제는 여러 수학자들의 지속적인 노력으로 해결되었으며, 이 최소의 합에 이르는 점은 페르마의 이름을 따서 '페르마의 점(Fermat Point)'이라 불린다.

답은 한 개만!

늘 꼴찌만 하던 아이가 어떻게 만점을 받았을까요?

김산수 선생님은 어린 시절부터 선생님이 되는 것이 꿈이었다. 김산수 선생님은 선생님이 되려고 공부도 열심히 했고, 선생님들 말씀도 잘 듣는 착실한 학생이었다.

"난 꼭 아이들을 한 사람 한 사람 챙겨 주는 선생님이 되고 싶어. 한 명도 소외되지 않는 반을 꾸려 가는 것이 내 꿈이야."

"넌 틀림없이 좋은 선생님이 될 거야. 오래전부터 그 길만 보고 착실하게 준비해 왔으니 말이야."

김산수 선생님의 대화는 항상 선생님에 대한 이야기뿐이었다.

김산수 선생님 역시 선생님들에게 가르침을 받아 왔던 터라 다른 선생님의 장단점을 죄다 파악하고 있었다. 이런 장단점 가운데 장점만을 배워 학생들에게 좋은 선생님이 되고자 하루하루 노력했다.

김산수 선생님이 처음으로 학교에 출근하는 날, 선생님 눈에 비친 학생들은 천사처럼 예뻤다. 김산수 선생님은 꼭 학생들 편에 서서 생각하는 선생님이 되겠다고 다시 한 번 각오를 다지며 교실로 들어섰다.

"드르륵."

"툭."

김산수 선생님이 교실로 들어서는 순간, 머리 위로 분필이 잔뜩 묻은 지우개가 툭 하고 떨어졌다.

"어? 내가 잘못 들어왔나?"

조금 전에 운동장에서 보았던 아이들의 순수하고 밝은 모습과는 달리 교실은 아수라장이었다. 아이들은 새 선생님이라 얕잡아 보고 환영식을 제대로 준비했던 것이었다. 김산수 선생님은 반을 다시 확인하고서야 아이들이 장난을 쳤다는 사실을 깨달았다. 칠판도 낙서 천지였고, 아이들도 여기저기서 어수선하게 움직이고 있었다.

"자, 자, 선생님이 들어왔으니까 주목하도록!"

하지만 아이들은 꿈쩍도 않고 저마다 하던 일을 계속했다. 교실 뒤편에서 칼싸움을 하는 아이들, 게임을 하는 아이, 음악을 듣는 아이 등등, 김산수 선생님의 기대와는 전혀 다른 모습이었다.

"자, 다들 조용히 하자. 새 선생님 왔는데 환영식치고는 너무 소란스럽잖니."

몇몇 아이들이 조용히 하는 듯 보였다. 하지만 워낙 많은 아이들이 떠들고 장난치고 있어서 그 아이들마저 곧 다시 소란스러워지고 말았다. 초보 선생님이 다루기엔 초딩들의 집중 시간은 너무나 짧았다. 인자한 선생님의 이미지를 간절히 원했지만 이대로는 안 되겠다 싶었다.

"조용히 못 하겠니!! 선생님이 왔으면 제대로 인사부터 하는 것이 예의라고 배웠다, 나는! 내 학생이 된 이상 인간적으로 기본은 하길 바란다."

김산수 선생님의 목소리가 높아지자, 그제야 아이들이 하나 둘 선생님을 쳐다보기 시작했다. 아이들의 시선이 집중되자 김산수 선생님은 목소리를 가다듬고 다시 이야기를 시작했다.

"선생님이 들어왔으면 꾸벅 하고라도 인사를 하는 것이 예의다. 너희들의 장난기도 좋고 친근하게 다가서는 것도 나는 오히려 반긴다. 하지만 이런 식이면 곤란해. 제때 인사할 줄 알고 따뜻한 말 한 마디 건넬 줄 아는 것이 사람으로서 갖추어야 할 기본적인 도리다. 자, 이제 선생님이 여기 교탁에 섰으니, 우리 첫인사를 하자꾸나."

처음 김산수 선생님이 나긋나긋한 목소리로 상냥하게 말할 때는 쳐다보지도 않던 아이들이 바짝 긴장하고 있었다.

"그래, 이제 제대로 인사해 보자꾸나. 여러분, 안녕하세요."

"선생님, 안녕하세요!"

김산수 선생님이 먼저 인사를 하자 아이들도 목청이 터져라 인사를 했다.

"저는 김산수 선생님입니다. 선생님은 여러분 같은 학생들을 가르치는 것이 아주 재미있어서 선생님이 되었답니다. 앞으로 이 선생님과 함께 잘해 보도록 합시다."

"네에~~!"

아이들은 소란을 피울 때와는 딴판으로 선생님의 말에 재깍재깍 대답했다. 김산수 선생님의 카리스마가 아이들을 꼼짝 못 하게 만들어 버린 듯했다.

한 시간 수업을 마치고 나온 김산수 선생님은 다리가 다 후들거렸다.

"오, 선생님. 저 완전 긴장했어요. 여태 소리지른 적 한 번도 없었는데, 좋게 말하니까 아이들이 도무지 집중을 안 하더라고요."

"곧 적응하실 겁니다. 선생님께서 말씀하셨던 인자하고 따뜻한 선생님은 엄한 선생님이 되신 뒤에나 가능한 거예요. 엄하지 않으면 아이들이 따라 주질 않는답니다."

"정말 첫 출근에 딱 한 시간 수업했는데 1년은 지나 버린 것 같아요."

"첨엔 다 그래요. 그러다 보면 애들이랑 정도 들고, 또 요령도 생기고 자기만의 노하우도 생겨요. 선생님은 인자하고 자상한 선생님이라는 꿈이 있잖아요."

동료 선생님인 한 선생님이 김 선생님을 위로해 주었다.

"그건 그렇지만, 오늘은 좀 맥이 빠지네요."

"얼마 지나지 않아서 선생님만의 스타일을 찾으시게 될 거예요."

그렇게 쉬는 시간이 흘러가고, 김산수 선생님은 교실로 돌아갔다. 사실 처음에는 학생들을 대하는 것이 쉽지만은 않았다. 한 선생님은 곧 적응할 것이라고 위로했지만, 적응하기까지가 쉽지만은 않았다.

'어이쿠, 학생들을 가르치는 게 생각보다 쉬운 일이 아니구나.'

김 선생님 나름대로 학생들을 공평하게 대하고 있다고 생각했지만, 학생들 입장에서는 별 사소한 것들까지 상처가 되기도 하는 모양이었다.

한 번은 이런 경우도 있었다. 김 선생님은 아이들에게 심부름을 시킬 때에도 번호별로 돌아가며 시켰다. 그런데 그날은 김 선생님이 좀 늦게 마쳤는데, 마침 김 선생님 반 반장이 교실에 남아 있었다.

"어, 반장! 왜 아직 안 갔니? 오늘은 학원 안 가?"

"네, 오늘은 학원 안 가는 날이에요."

"그럼 빨리 집에 가야지, 왜 그러고 있어?"

"엄마가 오시기로 했는데, 전화 오면 나가려고요."

"그래? 그럼 선생님이랑 환경 미화 좀 같이 정리할래?"

"네, 좋아요."

이렇게 해서 김 선생님은 반장과 함께 교실 벽을 정리하게 되었다. 교실 벽을 한참 정리한 것 같았는데, 여전히 반장 아이에게 전화가 오지 않았다.

"반장, 시간이 늦었는데 어머니께 전화드려 봐."

"네, 선생님."

반장은 김 선생님의 말에 따라 전화를 했다. 그런데 엄마는 차가 너무 밀려서 좀 늦을 거라고 했다. 때마침 곁에 있던 선생님이 반장의 전화를 건네받았다.

"네, 담임선생님입니다. 오늘 반장이 제 일을 좀 도와주어서요. 차가 많이 밀려 늦으시면 제가 같이 저녁 먹고 있겠습니다."

반장이 환경 미화도 거들어 준 데다 배가 고플 시간이기도 했다. 김산수 선생님 역시 배가 몹시 고팠다. 원래 김산수 선생님은 아이들에게 맛난 것도 많이 사 주고 이야기도 많이 나누고 싶어했다. 하지만 그런 인간적인 관계는 좀 더 시간이 지난 뒤에 맺는 것이 좋다는 동료 선생님들의 충고에 따라 자제하고 있던 터였다.

방과 후였고, 다른 아이들도 없었기에 김산수 선생님은 정말 아무 생각 없이 반장과 함께 피자집으로 향했다. 그렇게 그날 저녁에 피자를 맛있게 먹고 뒤늦게 도착한 반장 어머니에게 아이를 보낸 뒤 김산수 선생님도 집으로 향했다.

그런데 문제는 다음 날 벌어졌다.

"야, 어제 내가 피자집에서 선생님이 반장에게 피자 사 주는 거 봤어. 이건 엄연한 차별이야."

"뭐? 반장이라고 그러는 거야? 그럼 나도 반장 해야겠다."

"선생님이 어떻게 차별을 하니? 진짜 실망이다."

"자기는 차별 같은 거 절대 안 하고 그런다더니, 다 거짓말인가 보네."

금세 학교에 소문이 쫙 퍼졌다.

수업에 들어갔던 김산수 선생님은 평소와는 분위기가 완전히 다르다고 느꼈다.

'오늘은 또 무슨 일이지? 분위기가 왜 이래?'

김산수 선생님이 아이들에게 무슨 일이냐고 아무리 물어도 아이들 반응은 시큰둥하기만 했다.

교무실로 돌아와서 김 선생님은 고민에 빠졌다. 평소 활달하고 명랑하던 김 선생님이 아무 말이 없자 한 선생님이 말을 걸었다.

"김 선생님, 무슨 일 있으세요?"

"한 선생님, 애들 분위기가 뭐랄까, 저만 모르는 무슨 일이 있는 것 같아요."

"그래요? 애들한테 물어 보시죠, 왜?"

"그게……, 대답을 안 해 주네요."

"그럼 제가 알아봐 드릴게요."

한 선생님이 김 선생님을 구원하러 나섰다. 한 선생님이 반 아이들을 통해 알아봤더니 생각지도 못했던 피자 사건이 문제가 되고 있었다. 황당해진 김 선생님은 그날 수업을 좀 일찍 마치고 반에 피자를 돌렸다.

"너희가 오해할 만했지만, 선생님이 너희를 아끼는 마음은 모두 똑같아. 어제는 상황이 그랬던 거야. 선생님이 너무 배가 고팠는데, 반장을 옆에 두고 선생님 혼자만 먹을 수는 없잖아. 미안하단 뜻으로 선생님이 오늘 피자 쏜다. 맛있게 먹고, 우리 다시 힘내서 우리 반 잘 끌어가 보자."

처음에는 피자를 사 준다고 해도 시큰둥하던 녀석들이 김 선생님이 차근차근 설명하자 그제야 맘을 좀 풀고 수그러들었다.

이제는 아이들에게 어느 정도 적응이 된 김 선생님은 학년 마지막 시험을 채점하고 있었다.

김 선생님은 시험에 항상 4지 선다형 문제를 20개씩 냈다. 이번에도 김 선생님은 4지 선다형 문제를 냈는데, 채점이 컴퓨터로 되는 것이 아니라 답지에 ○표를 해서 김 선생님이 직접 채점해야 했다. 그런데 채점이 생각했던 것만큼 쉽지가 않았다.

"이거 생각보다 시간도 너무 많이 걸리고, 번거롭기까지 하네. 무슨 수를 내야겠어."

선생님이 된 지 1년이 될 무렵 김 선생님은 답안을 빨리 채점할 수 있는 자기만의 방법을 터득했다. 김 선생님은 종이를 답안지 모양으로 잘라 답 부분을 오려 내 아이들의 답안지에 대 보고 ◯표의 개수를 세어 빠르게 채점했다.

채점 방식을 100퍼센트 확신했던 김 선생님은 채점을 모두 끝낸 뒤 아이들에게 점수가 적힌 시험지를 나누어 주었다.

"자, 부모님께 성적을 보여 드리고, 부모님께서 확인했다는 표시로 선생님에게 전화 달라고 해 주세요."

그런데 이번 학년 마지막 시험에서는 김 선생님 반 꼴찌 녀석이 만점을 받는 예상치 못한 결과가 나왔다. 그리고 1등을 놓친 적이 한 번도 없었던 아이는 한 문제를 틀려 2등에 머물렀다. 자존심 세기로 유명한 1등 아이의 엄마는 성적표를 보자마자 화가 머리끝까지 나서 김 선생님에게 전화를 했다.

"우리 아이가 2등일 리 없어요. 선생님의 채점 방식에 문제가 있는 거예요."

"어머님, 제 채점 방식에는 아무런 문제도 없습니다. 제 노하우라고요."

아이 엄마는 자기 아이가 2등을 했다는 사실을 용납할 수 없었다. 하지만 김수학 선생님도 물러서지 않았다. 그러자 분을 참지 못한 아이 엄마가 수학법정에 이 문제를 의뢰했다.

두 집합 A와 B가 주어졌을 때, A의 원소에 대해 B가 정해질 때 A에서 B로 대응한다고 합니다. 대응에는 '1 대 1 대응'과 '1 대 다 대응'이 있습니다.

여기는 수학법정

꼴찌 학생이 어떻게 만점을 받았을까요?
수학법정에서 알아봅시다.

재판을 시작합니다. 먼저 피고 측 변론하세요.

선생님은 현명한 방법으로 답안을 체크했습니다. 즉 선생님이 만든 답안 체크 종이를 답안지에 대고 답이 오려진 부분에 ○표가 보이면 그 학생은 정답을 적은 것이고, ○표가 보이지 않으면 틀린 답을 적은 것이지요. 그럼 ○표의 개수를 세면 맞힌 개수가 나오는데 선생님이 숫자를 잘못 헤아렸을 리도 없고, 도대체 뭐가 잘못되었다는 겁니까? 말이 안 되잖아요!

알겠어요. 그만 흥분하세요. 그럼 원고 측 변론하세요.

대응연구소의 이대응 과장을 증인으로 요청합니다.

체크무늬 양복에 분홍 와이셔츠를 입은 30대 남자가  증인석으로 걸어왔다.

증인이 하는 일은 뭐죠?

대응에 대한 연구를 하고 있습니다.

대응이 뭐죠?

집합이 2개 있을 때 1개의 집합의 원소와 다른 집합의 원소를 짝지어 주는 것입니다.

예를 들면 미팅 같은 거로군요.

네, 좋은 예입니다. 예를 들어 남자의 집합에 철수, 동자, 갈갈, 이렇게 3명이 원소로 있고, 여자의 집합에 안나, 희선, 지혜, 이렇게 3명이 원소로 있다고 해 보죠. 이때 남자들에게 여자를 선택하게 했더니 철수는 안나를, 동자는 희선을, 갈갈이는 지혜를 선택했다고 하면 이것이 바로 두 집합의 원소들끼리의 대응이 되는 것입니다. 이 경우를 보면 남자 집합의 원소 1개와 여자 집합의 원소 1개가 대응이 되었지요? 이런 대응을 '1 대 1 대응'이라고 부릅니다.

그것이 이번 채점과 무슨 관계가 있나요?

예, 문제지를 조사해 본 결과, 잘못된 대응이 이루어진 것입니다.

그게 무슨 뜻이죠?

늘 꼴찌를 하던 학생은 모든 칸에 ○표를 했어요. 그러니 선생님이 답안 체크 종이를 답안지 위에 얹었을 때 모두 맞은 것처럼 나온 거예요. 즉 반칙을 했다는 뜻입니다. 학생이 답을 적으면 그 답은 반드시 2개 중 1개에 대응이 되지요. 정답이거나, 아니면 틀린 답이거나. 그런데 이번 경우처럼 모든 답에 ○표를 하면 그 학생은 정답과 오답 모두에 자기 답을 대응시킨다는 얘기가 되는데, 이런 대응은 시험에 어울리는 대응이 아니지요. 4개 중에 반드시 답이 있으므로 이런 식으로 대응을 시키면 어떻게든 답이 걸리게 되어 있으니까요.

그렇군요. 정말 나쁜 짓이네요.

그래서 요즘 OMR 카드를 사용해서 답을 적는 컴퓨터 채점에서도 답을 여러 개 기재하면 틀린 것으로 채점이 된답니다. 하지만 이번 채점 방식은 선생님의 답안 체크 종이가 답이 아닌 곳은 가려져 있었기 때문에 모든 곳에 ○표를 한 꼴찌 학생의 답을 제대로 볼 수 없었던 것뿐이에요.

그렇군요.

어린 학생이 벌써부터 이런 짓을 해서 1등이 되려고 하다니 정말 한심스럽습니다. 그리고 선생님도 답 부분을 오려 빠르게 채점하기에 앞서, 여러 개의 칸에 ○표를 한 학생의 답안지부터 가려내야 할 것입니다.

1대 1 대응

두 집합 A, B의 원소를 대응시킬 때, 집합 A의 원소가 집합 B의 원소 하나와 대응하고, B의 임의의 한 원소에 A의 원소가 단 하나 대응하도록 할 수 있는 것을 말한다. 무한의 문제를 해결하기 위해 1900년경 처음으로 수학에서의 기본 개념으로 사용했다.

집합이란?

함수를 알려면 먼저 집합에 대해 알아야 해요.

4보다 작은 자연수는 1, 2, 3입니다. 누구에게 물어도 4보다 작은 자연수는 1, 2, 3입니다. 이렇게 어떤 조건을 만족하는 대상들의 모임을 집합이라고 하고, 그 대상을 집합의 원소라고 불러요. 집합은 보통 대문자를 사용하지요. 그러니까 4보다 작은 자연수의 집합을 A라고 하면 1, 2, 3은 A의 원소입니다. 이때 집합 A를 다음과 같이 씁니다.

$$A = \{ 1, 2, 3 \}$$

이제 집합이 무엇인지 알겠지요?

함수의 정의

이제 집합을 알았으니까 함수에 대해 알아봐야겠지요.

어떤 집합 X의 원소들을 다른 집합 Y의 원소들에 대응시키는 것을 '함수'라고 부릅니다. 이때 집합 X를 함수의 '정의역', 집합 Y를 '공역'이라고 부릅니다. 그리고 이런 대응을 'X에서 Y로의 함수'라고 하고, 다음과 같이 씁니다.

$$f : X \rightarrow Y$$

두 집합 X, Y가 있고 X에서 Y로의 대응이 함수가 되려면 반드시 다음 두 조건을 만족해야 합니다.

1) X의 원소가 Y의 원소와 2개 이상 대응되지 말아야 한다.

2) X의 원소가 모두 Y의 원소에 대응되어야 한다.

가우스 함수

가우스 함수, 즉 가우스 기호는 다음과 같이 정의합니다.

어떤 수 x에 대해 그 수보다 크지 않은 가장 큰 정수를 x의 '가우스 기호'라고 하고, $[x]$로 나타낸다.

먼저 정수의 가우스 기호를 살펴봅시다. 예를 들어 1의 가우스 기호를 볼까요? 1은 1보다 크지 않으므로 1보다 크지 않은 정수에는 1, 0, -1, -2…… 등이 있습니다. 이 중에서 가장 큰 정수는 1입니다. 그러므로 1의 가우스 기호는 1이지요.

$$[1] = 1$$

이번에는 음의 정수 -1의 가우스 기호를 봅시다. -1보다 크지 않은 정수로는 -1, -2, -3…… 등이 있습니다. 이 중에서 가장 큰 정수는 -1이므로 -1의 가우스 기호는 -1입니다.

$$[-1] = -1$$

그렇다면 소수 부분이 있는 수의 가우스 기호는 어떻게 될까요? 예를 들어 2.1의 가우스 기호를 봅시다. 2.1보다 크지 않은 정수에는 2, 1, 0, -1…… 등이 있습니다. 이 중에서 가장 큰 정수는 2입니다. 그러므로 2.1의 가우스 기호는 2입니다.

$$[2.1] = 2$$

2.9의 가우스 기호를 봅시다. 2.9보다 크지 않은 정수에는 2, 1, 0, -1…… 등이 있습니다. 이 중에서 가장 큰 정수는 2이므로 2.9의 가우스 기호는 2입니다.

$$[2.9] = 2$$

2.0의 가우스 기호는 2이고 3.0의 가우스 기호는 3입니다. 그러므로 2 이상이고 3보다 작은 수들의 가우스 기호는 2라는 것을 알 수 있습니다.

양수의 가우스 기호는 소수 부분을 뺀 나머지 정수 부분입니다. 예를 들어 4.78에서 소수 부분을 뺀 정수 부분은 4이므로 [4.78] = 4입니다.

음수인 경우에도 소수 부분을 빼면 될까요? 예를 들어 -1.0의 가우스 기호를 봅시다. -1.3보다 크지 않은 정수에는 -2, -3, -4…… 등이 있습니다.

이 중에서 가장 큰 정수는 -2이죠? 그러므로 -1.3의 가우스 기호는 -2입니다.

$$[\,-1.3\,] = -2$$

이런 식으로 하면 [-1.9] = -2가 됩니다. 또한 [-2] = -2, [-1] = -1이므로 -2 이상이고 -1보다 작은 수의 가우스 기호는 -2가 됩니다. 이렇게 음수의 가우스 기호는 소수 부분을 뺀 수가 아닙니다.

예를 들어 [-4.78]의 가우스 기호는 -4가 아니라 -5입니다. 그러므로 다음과 같이 정리할 수 있습니다.

어떤 수 x가 A 이상이고 A+1보다 작으면 $[x]$ = A이다.

이제 가우스 기호로 나타낸 다음 함수를 봅시다.

$$y = [x]$$

즉 x의 가우스 기호를 y에 대응시킨 함수입니다. 이 때 x의 범위에 따라 $[x]$가 달라집니다. 몇 개의 경우를 예로 들어 보면 다음과 같지요.

$-2 \leqq x < -1$이면 $[x] = -2$

$-1 \leqq x < 0$이면 $[x] = -1$

$0 \leqq x < 1$이면 $[x] = 0$

$1 \leqq x < 2$이면 $[x] = 1$

$2 \leqq x < 3$이면 $[x] = 2$

이와 같이 범위에 따라 가우스 기호의 값은 달라집니다.

수학과 친해지세요

이 책을 쓰면서 좀 고민이 되었습니다. 과연 누구를 위해 이 책을 쓸 것인지 난감했거든요. 처음에는 대학생과 성인을 대상으로 쓰려고 했습니다. 그러다 생각을 바꾸었습니다. 수학과 관련된 생활 속의 사건이 초등학생과 중학생에게도 흥미가 있을 거라는 생각에서였지요.

초등학생과 중학생은 앞으로 우리나라가 21세기 선진국으로 발돋움하려면 반드시 필요한 과학 꿈나무들입니다. 그리고 과학의 발전에 가장 크게 기여하게 될 과목이 바로 수학입니다. 하지만 지금의 수학 교육은 논리보다는 단순히 기계적으로 공식을 외워 문제를 푸는 방식으로 이루어지고 있습니다. 과연 우리나라에서 수학의 노벨상인 필즈 메달 수상자가 나올 수 있을까 하는 의문이 들 정도로 심각한 상황입니다.

저는 부족하지만 생활 속의 수학을 학생 여러분들의 눈높이에 맞추고 싶었습니다. 수학은 먼 곳에 있는 것이 아니라 우리 주변에 있다는 것을 알리고 싶었습니다. 수학 공부는 논리에서 시작됩니다. 올바른 논리는 수학 문제를 정확하게 해결하는 데 도움이 되기 때문입니다.